# wunderbar berechenbar

Die Welt des Würzburger Mathematikers
Kaspar Schott 1608–1666

# wunderbar berechenbar

Die Welt des Würzburger Mathematikers
Kaspar Schott 1608-1666

Begleitband zur gleichnamigen Ausstellung der Universitätsbibliothek Würzburg vom 16.1.–30.3.2008, herausgegeben von Hans-Joachim Vollrath.

Bibliografische Information der Deutschen Bibliothek
Die Deutsche Bibliothek verzeichnet diese Publikation in der Deutschen Nationalbibliografie; detaillierte bibliografische Daten sind im Internet über <http://dnb.ddb.de> abrufbar.


www.echter-verlag.de
Lektorat: K. C. Kompe
Umschlag: Uli Spitznagel, Würzburg, unter Verwendung eines Nachbaus von Schotts Rechenkasten, angefertigt von Stud. math. Erik Sinne, Würzburg 1992.
Druck und Bindung: Konrad Triltsch GmbH, Ochsenfurt
ISBN 978-3-429-02961-6

# Inhalt

# Vorwort

Das 17. Jahrhundert wird häufig als das „Mathematische Jahrhundert" bezeichnet; denn das wissenschaftliche Leben war weitgehend von der Mathematik bestimmt, die mit ihrer systematischen Darstellung selbst für die Geisteswissenschaften zum Vorbild wurde. In der Mathematik selbst erzielte man in jener Zeit große Fortschritte, und da diese vor allem in den Naturwissenschaften und der Technik, in der Landvermessung und in der Navigation, aber auch in Musik und Architektur fruchtbar gemacht wurden, fielen alle diese Gebiete unter die „Mathematischen Wissenschaften".
Die Gebildeten, der Adel und generell die wohlhabenden Schichten hatten ein aus heutiger Sicht ungewöhnlich reges Interesse an den Mathematischen Wissenschaften. Besonders fasziniert war man von geheimnisvoll arbeitenden Apparaten, Maschinen und Kunstwerken, die in Kabinetten gesammelt und dem staunenden Publikum vorgeführt wurden.
Auch Kaspar Schott kam in seinem enzyklopädisch angelegten Werk, das auf rund 10 000 Seiten das mathematische und naturwissenschaftliche Wissen der Zeit allgemein verständlich präsentiert, durchaus dem Zeitgeschmack und dem Bedürfnis seiner Zeitgenossen nach „Wunderbarem und Sonderbarem" entgegen. Einige Titel seines Werks – wie etwa *Magia universalis naturae et artis*, *Technica curiosa* oder *Ioco-seria naturae et artis* – wirken daher auf den modernen Leser wahrscheinlich zunächst etwas befremdlich. Wenn man Schotts Schriften jedoch im Kontext des Lebens, der Sprache, des Denkens und der Vorstellungen seiner Zeit betrachtet (von denen etwa Hans Jakob Christoffel von Grimmelshausen in seinem *Simplicissimus* 1668 einen Eindruck vermittelt), dann versteht man, welche zentralen Fragestellungen die Menschen jener Epoche umtrieben, und dann kann man auch der Bedeutung und der großartigen Leistung Schotts gerecht werden. Man stellt dann nämlich fest, dass es ihm stets darum geht, seinen Lesern die den verblüffenden, scheinbar unbegreiflichen Phänomenen zugrunde liegenden Ursachen verständlich zu machen und ihnen so die Furcht vor dem vermeintlich Unheimlichen zu nehmen. Sein Ziel ist es, andere an seinem Wissen teilhaben zu lassen, aufklärend zu wirken. Im Vorwort zu seiner *Technica curiosa* hat er dies so formuliert:

> „So teile ich die Weisheit, wenn ich sie ohne Erdichtung gelernt habe, ohne Neid mit; den Nektar, den ich durch die Freigiebigkeit Gottes geschöpft habe, gebe ich gerne weiter. Wie nämlich der Sonne nichts verloren geht, wenn sie mit ihrem Licht andere beschenkt, so auch nicht dem Meer, wenn es Quellen und Flüsse speist. Es wächst umso mehr, je freigebiger es sich ausgibt: der Gelehrte macht größere Fortschritte, indem er sein Wissen mit mehreren teilt."

Schott ist in seinem umfangreichen, in lateinischer Sprache verfassten und zum Teil reich bebilderten Werk, das in der humanistischen Tradition einer genauen Naturbetrachtung steht, stark beeinflusst von der Fülle des Wissens, das sein Lehrer Athanasius Kircher gesammelt und dargestellt hatte. Daneben enthalten seine Bücher die eigenen Studien und seine umfangreiche Korrespondenz mit Gelehrten in aller Welt. Besonders hervorzuheben ist dabei der Briefwechsel mit Otto von Guericke, dessen Vakuumversuche durch Schotts Berichte international bekannt wurden. (Das Bild von dem berühmten Versuch mit den Magdeburger Halbkugeln, das 1664 in Schotts *Technica curiosa* erschien, findet sich bis heute in Lehrbüchern.)
Aus dem Leben von Kaspar Schott ist wenig bekannt. Er wurde 1608 in Königshofen im Grabfeld geboren, schloss sich der Gesellschaft Jesu an und studierte in Würzburg bei Athanasius Kircher. Mit diesem floh er vor den anrückenden Schweden und setzte seine Studien zunächst in Belgien, schließlich in Sizilien fort. Nach ihrem Abschluss wirkte er in Sizilien als Mathematikprofessor, bevor er 1652 als Assistent zu Athanasius Kircher an das Collegium Romanum ging. Dort begann seine überaus produktive schriftstellerische Tätigkeit, die er, ab 1655 in Würzburg, bis zu seinem frühen Lebensende im Jahr 1666 fortführte.
Inzwischen sind praktisch alle Schriften von Kaspar Schott, von denen einige erst postum erschienen waren, im Internet einsehbar – unsere Universitätsbibliothek arbeitet im Moment daran, auch das letzte noch ins Netz zu stellen –,

und einige seiner Bücher wurden in jüngster Zeit außerdem als Faksimile-Ausgaben wiederaufgelegt.
Für die Universität Würzburg war Schott eine große Bereicherung. Er führte naturwissenschaftliche Experimente ins Studium ein, bot seinen Studenten eine aktuelle, umfassende und anwendbare Lehre und machte sie mit den neuesten Errungenschaften der Technik bekannt. Die Alma Julia nimmt daher den 400. Geburtstag dieses bedeutenden Wissenschaftlers zum Anlass, sein Werk und sein Wirken mit einer Ausstellung zu würdigen.
Grundlage dieser Ausstellung, die von Herrn Prof. Dr. Hans-Joachim Vollrath konzipiert und von Frau Dr. Eva Pleticha-Geuder und Herrn Dr. Hans-Günther Schmidt organisiert wurde, ist die umfangreiche Sammlung der Schriften von Kaspar Schott, die sich im Besitz unserer Universitätsbibliothek befinden, ergänzt durch eine Reihe historischer mathematischer Instrumente. Im Mittelpunkt stehen als besondere Kostbarkeit die farbigen Zeichnungen hydraulischer Maschinen. Der Lehrstuhl für Didaktik der Mathematik steuert in einem „Cursus mathematicus“ Versuche aus seinem „Mathematik-Labor“ bei, die von Prof. Dr. Vollrath entwickelt wurden und den Besuchern die Möglichkeit geben, im Experiment selbst Erfahrungen zu den Forschungen von Kaspar Schott zu sammeln.
Der vorliegende Begleitband zur Ausstellung behandelt die wichtigsten Themenbereiche, mit denen sich Kaspar Schott beschäftigt hat, und er besticht vor allem durch die zahlreichen Abbildungen aus seinen Büchern. Er gibt so einen lebendigen Eindruck von dem Werk eines Wissenschaftlers, der den modernen Naturwissenschaften – auch wenn ihm selbst ihr Denken und ihre Methoden noch verschlossen blieben – mit seinen Fragestellungen ganz entscheidend den Weg gebahnt hat.

Prof. Dr. Axel Haase
Präsident der Universität Würzburg

# Einleitung

Auf den meisten Titelblättern seiner 12 umfangreichen Werke stellt sich KASPAR SCHOTT als Königshofener vor, der im Dienst der Gesellschaft Jesu als Professor der Mathematik einst in Palermo und dann in Würzburg wirkte. Aus seinem Leben lassen sich einige Daten angeben und aus persönlichen Anmerkungen in seinem Werk lassen sich einige spärliche Hinweise auf Stationen, Begegnungen, Erfahrungen und Erlebnisse gewinnen. Das meiste über ihn müssen wir heute indirekt aus seinen Werken erschließen. Selbst so einschneidende Erfahrungen wie der Dreißigjährige Krieg finden nur in kurzen Episoden, die er in seinen Büchern schildert, ihren Niederschlag.

Für die Würzburger Universität begann im Jahr 1655 nach den Kriegswirren mit der Berufung von KASPAR SCHOTT eine neue Blütezeit der „Mathematischen Wissenschaften". All das ungeheure Wissen, das er in seinen etwa 25 Jahren als Studierender und Lehrender angesammelt hatte, füllte seine Bücher, die er in den 11 Jahren in Würzburg herausbrachte.

Die Mathematischen Wissenschaften umfassten damals neben der Mathematik alle Gebiete, in denen Mathematik angewendet wurde. Das waren Arithmetik, Geometrie und Algebra als die mathematischen Gebiete im engeren Sinne, dann aber auch Physik, Astronomie, Geographie und Geologie sowie deren Anwendungen in der Geodäsie, der Nautik und der Technik. Diese Zusammenfassung lässt sich für uns heute nachvollziehen. Erstaunlich ist für uns jedoch, dass auch Künste wie Musik und Architektur einbezogen waren.

Dieser bunte Strauß von Wissenschaften und Künsten faszinierte damals die Menschen, bot er doch Phänomene an, die für Menschen überraschend, verblüffend, geheimnisvoll und rätselhaft wirkten. Sie lechzten förmlich nach wissenschaftlichen Neuigkeiten und Sensationen. Vieles wirkte auf sie unheimlich, buchstäblich von Geisterhand betrieben und erzeugte manche Gänsehaut.

KASPAR SCHOTT war bestrebt, die Schleier zu lüften, die über derartigen Erscheinungen lagen, indem er den Dingen auf den Grund ging und den Menschen klar zu machen versuchte, welche natürlichen Ursachen den Phänomenen zu Grunde lagen. Das gelang ihm mit seinen Argumenten, doch vielleicht noch eindringlicher und überzeugender mit seinen Bildern, von denen sich etliche bis heute in Lehrbüchern finden. Wenn er in diesem Zusammenhang „Universelle Magie der Natur und der Kunst" als Titel eines umfangreichen naturwissenschaftlichen Werkes wählte, dann ging es ihm darum, den Menschen die Augen für die „Wunder der Natur" zu öffnen und ihnen das Verständnis für die Zusammenhänge zu erschließen.

Der Schlüssel für das Verstehen ist für SCHOTT die Mathematik. Sie liefert mit Zahlen und Maßen die benötigten Objekte und mit ihren Erklärungen und Beweisen die wissenschaftliche Methode, wie sie bereits die griechischen Mathematiker entwickelt und verwendet hatten. Diese Methode garantierte damals das Verstehen, sie galt auch als die beste Lehrmethode, derer sich deshalb auch KASPAR SCHOTT bedient. Dass er dabei besonderen Wert auf Beweise legt, unterstreicht sein Bemühen, Verständnis zu wecken. Bloßes Faktenwissen zu vermitteln, hätte ihm nicht genügt.

Wie ist es aber dann zu erklären, dass er sich auch mit so obskuren Angelegenheiten wie Handlesen, Beschwörungen, Vorhersagen, Visionen und Geistern befasste? Auch er lässt gelegentlich bei der Erklärung geheimnisvoller Phänomene die Möglichkeit offen, dass Geister am Wirken sind. Als Theologe beschäftigt er sich sogar eingehend mit Engeln und Geistern. Doch auch hier bemerkt man sein Bemühen um Aufklärung, wenn er immer wieder nachweist, dass Engel und Geister bestimmte Fähigkeiten, die ihnen der Volksglaube zuschreibt, nicht besitzen können. Er nimmt die Ängste der Menschen ernst, klärt mit Taktgefühl auf, scheut sich allerdings auch nicht, offensichtlichen Unsinn, der von Wissenschaftlern verbreitet wird, als solchen zu benennen. Ehe wir über ihn heute die Nase rümpfen, sollten wir uns eingestehen, dass etliche der von ihm behandelten Erscheinungen auch in unserer aufgeklärten Zeit noch Glauben finden.

Allen Büchern von KASPAR SCHOTT merkt man die große Faszination an, die Wissen auf ihn ausübt. Zeit seines Lebens ist er ein Lernender. Triebfeder für sein Lernen ist sein Wunsch, immer Neues zum Lehren zu haben. Das ist auch der Auftrag, den ihm sein Orden gegeben hat. Man muss sein Lehren in Wort und Schrift im Rahmen des umfassenden Erziehungssystems der Gesellschaft Jesu sehen. Sie strebte nach kultureller Führerschaft in der Kirche, aber auch nach Einfluss auf die Urteilsbildung und die Entscheidungen der Fürsten sowie Teilhabe an den Fortschritten der Wissenschaft. Schott führte einen lebhaften Briefwechsel mit Informanten und Rat Suchenden auch über die konfessionellen Grenzen hinweg. So pflegte er einen intensiven Gedankenaustausch in einem längeren Briefwechsel mit Otto von Guericke, dem evangelischen Bürgermeister von Magdeburg, dessen Versuche und Ideen zum Vakuum er in seinen Büchern international bekannt machte.

Sein Studium der Mathematik hatte Kaspar Schott bei Athanasius Kircher in Würzburg begonnen. Beim Einzug der Schweden mussten die beiden fliehen, und ihre Wege trennten sich. Doch für Schott ging ein Traum in Erfüllung, als er 1652 an das Collegium Romanum berufen wurde, um dort mit seinem verehrten Lehrer zusammenzuarbeiten. Das setzte in ihm schriftstellerische Energie frei, die dann in Würzburg zu voller Entfaltung kam. Manche Pläne blieben allerdings unerfüllt, denn er starb bereits 1666 im Alter von 58 Jahren in Würzburg.

In Werken zur Geschichte der Mathematik wird man Kaspar Schott bis heute meist vergeblich suchen. Das liegt daran, dass sich Mathematikhistoriker nur für die Forschung und nicht für die Lehre interessieren. Dabei übersehen sie, welche Bedeutung die Lehre für die Entwicklung der Mathematik hat. Doch das beginnt sich zu ändern. Es gibt in neuerer Zeit eine Reihe wissenschaftlicher Untersuchungen, die sich mit Kaspar Schott befassen. Aus heutiger Sicht war Kaspar Schott einer der großen international bekannten und geschätzten Lehrer der Mathematischen Wissenschaften in der Zeit des Übergangs von den klassischen Wissenschaften zu den modernen Naturwissenschaften.

Ich danke dem Leitenden Direktor der Universitätsbibliothek, Herrn Dr. Karl Südekum, dass er die Ausstellung der Universitätsbibliothek veranstaltet, einschließlich dieses Beibandes ermöglicht und jederzeit tatkräftig unterstützt hat. Dem Leiter der Handschriftenabteilung, Herrn Dr. Hans-Günter Schmidt, sowie der Leiterin der Abteilung für fränkische Landeskunde, Frau Dr. Eva Pleticha-Geuder, danke ich für die hervorragende Organisation und die ausgezeichnete Zusammenarbeit bei der Realisierung dieses Projekts.

Frau Angelika Pabel sowie Herr Hartmut Fenn und Herr Wolfgang Sämmer haben mich bei der Informationsbeschaffung stets tatkräftig unterstützt. Frau Irmgard Götz-Kenner ist bei der zum Teil schwierigen Erstellung der vielen Fotos aus Schotts Werken stets auf meine Wünsche eingegangen. Für die grafische Gestaltung war Herr Uli Spitznagel verantwortlich. Und ich danke allen Mitarbeiterinnen und Mitarbeitern der Universitätsbibliothek, die zum Gelingen der Ausstellung beigetragen haben.

Großzügige Unterstützung habe ich von der Otto-Volk-Stiftung und dem Inhaber des Lehrstuhls für Didaktik der Mathematik, Herrn Prof. Dr. Hans-Georg Weigand, erfahren, für die ich herzlich danke. Mein Dank gilt auch Herrn Peter Ruff vom Rechenzentrum der Universität Würzburg.

Zu Dank verpflichtet sind wir für die Exponate, die uns das Arithmeum in Bonn, das Astronomisch-Physikalische Kabinett in Kassel, das Bundesverteidigungsministerium, die Deutsche Provinz der Jesuiten in München und die Otto von Guericke-Gesellschaft in Magdeburg zur Verfügung gestellt haben.

Frau Dr. Rita Haub, P. Dr. Julius Oswald, S.J., Frau Dr. Eva Pleticha-Geuder und Herrn Dr. Harald Siebert danke ich für die gute Zusammenarbeit und ihre Beiträge zu diesem Buch.

Schließlich danke ich dem Geschäftsführer des Echter Verlages Würzburg und seinen Mitarbeiterinnen und Mitarbeitern für die Bereitschaft, den Band in das Verlagsprogramm aufzunehmen, und für die gute Zusammenarbeit.

*Hans-Joachim Vollrath*

# Kaspar Schott – Leben und Werk

*Julius Oswald SJ*

## Pater Caspar Wanderdrossel

Als „Pater Caspar Wanderdrossel aus dem Orden der Societas Jesu, *olim in Herbipolitano Franconiae Gymnasio, postea in Collegio Romano Matheseos Professor*", ging Kaspar Schott in die Literaturgeschichte ein. Dieses Denkmal errichtete ihm der italienische Bestsellerautor Umberto Eco in seinem Roman *Die Insel des vorigen Tages*[1].
Eco schreibt den Vornamen Caspar in lateinischer Form und wählt einen merkwürdigen Nachnamen. Der Hinweis, dass der Pater einst als Professor der Mathematik am „Würzburger Gymnasium Frankens" und später am Kolleg in Rom war, ähnelt den Angaben auf den Titelblättern von Schotts Werken, wie man beispielsweise an der *Technica curiosa*, die 1664 in Würzburg erschien, erkennen kann.

P. GASPARIS SCHOTTI
REGISCURIANI E SOCIETATE
JESU,
Olim in Panormitano Siciliæ, nunc in Herbipolitano
Franconiæ Gymnaſio ejusdem Societatis
Jesu Matheſeos Profeſſoris,
TECHNICA
CURIOSA

*Technica curiosa:* Ausschnitt aus dem Titel

Es fällt zunächst auf, dass der Vorname in der italienischen Form Gaspare angegeben ist. Dann bemerkt man, dass es hier heißt: *„Olim in Panormitano Siciliae, nunc in Herbipolitano Franconiae Gymnasio"* („Einst in Palermo auf Sizilien, jetzt im Würzburger Gymnasium Frankens"). Trotz gewisser Unterschiede, die man Ecos dichterischer Freiheit zubilligen darf, sind die Übereinstimmungen nicht zu übersehen.[2]
Dass der italienische Schriftsteller die Bücher des Würzburger Jesuiten kennt und sich von ihnen inspirieren ließ, beweisen seine detaillierten Beschreibungen einer automatischen Orgel[3], einer wissenschaftlichen Beobachtungsstation[4] und einer Taucherglocke[5], die bei Schott abgebildet sind und ausführlich erklärt werden. Schotts lateinische Erläuterungen zitiert Eco in wörtlicher Übersetzung und verwendet in seinem Roman sogar dessen Buchtitel *„Technica Curiosa"* als Kapitelüberschrift.[6]
Selbst der Name „Wanderdrossel" scheint auf Schott selbst zurückzugehen, der sein Buch *Ioco-seria naturae et artis, sive magia naturalis centuriae tres* wegen Schwierigkeiten mit der Ordenszensur unter dem Pseudonym „Aspasius Caramuelius"[7] veröffentlichte. Da das Erscheinungsjahr des Buches in der Vorrede als Chronogramm verschlüsselt angegeben ist, darf hinter dem Pseudonym ein Anagramm vermutet werden, das einen neuen Sinn erhält, wenn man die Reihenfolge der Buchstaben ändert und einen Bezug zu Schott herstellt.[8] „Caspar, die Amsel auf Abwegen", wäre eine Auflösung, die zum Leben des weit gereisten Ordensmannes passt, der wegen des Dreißigjährigen Krieges von Deutschland über Belgien nach Sizilien zog und von dort wieder in die Heimat zurückkehrte. Ob Eco den Namen „Wanderdrossel" deshalb wählte, sei dahingestellt. Zweifellos wollte er aber den Jesuiten, der ihm bei der Gestaltung seiner „ein bisschen verrückten"[9] Romanfigur vor Augen stand, ebenso würdigen wie dessen Ordensbruder Athanasius Kircher in seinem Buch *Das Foucaultsche Pendel*.[10]
Das von Schott gewählte Pseudonym erinnert allerdings auch an Juan Caramuel y Lobkowitz, „den bekanntesten und umstrittensten Zisterzienser des 17. Jahrhunderts".[11] Der vielseitig gebildete Ordensmann bekleidete hohe kirchliche Ämter und verkehrte in höchsten politischen Kreisen.[12] Als Abt des Benediktinerklosters Disibodenberg, das am Zusammenfluss von Nahe und Glan lag, sollte er 1645 als Weihbischof nach Mainz berufen werden.[13] Weil der Papst seine Ernennung nicht bestätigte und Johann Philipp von Schönborn sich 1652 weigerte, in Rom um die Wiederaufnahme des Verfahrens nachzusuchen, kam es zu einer heftigen Kontroverse zwischen Caramuel und dem Erzbischof.[14] Schott kannte den Namen des streitbaren Mönchs, der die kaiserliche Religionspolitik gegen die Thesen des Jesuiten Heinrich Wangnereck verteidigte[15] und von 1644 bis 1672 mit Athanasius Kircher korrespondierte.[16] Da Schotts Buch *Ioco-seria naturae et artis* gut zu

den zahlreichen Veröffentlichungen CARAMUELS passte, lag es nahe, dessen Namen als Pseudonym zu wählen.

### Schotts Lebensweg

KASPAR SCHOTT wurde am 5. Februar 1608 im heutigen Bad Königshofen im Grabfeld[17] geboren und eine Woche später in der Pfarrkirche getauft[18].

Schottstraße in Bad Königshofen

Sein Vater JOHANNES stammte wahrscheinlich aus Kupferberg bei Kulmbach und diente als Soldat in der von Fürstbischof JULIUS ECHTER VON MESPELBRUNN ausgebauten Grenzfestung. Er heiratete 1604 MARGARETHA BRUNNER und wurde in Königshofen ansässig. Bei der Taufe seines dritten Kindes, der Tochter ANNA, wird er nämlich im Taufbuch als „Civis", das heißt Bürger, bezeichnet.

Wo KASPAR SCHOTT die Schule besuchte, ist nicht bekannt. Es könnte jedoch das von Fürstbischof FRIEDRICH VON WIRSBERG gegründete Kolleg der Jesuiten in Würzburg[19] gewesen sein. Nach der *Neuen Fränkischen Chronik* war er ein so begabter Schüler, dass ihn seine Lehrer unbedingt für den Orden gewinnen wollten.[20] Ihr Wunsch erfüllte sich, als SCHOTT am 30. Oktober 1627 in Trier[21] in die Gesellschaft Jesu eintrat.

Nach Abschluss des zweijährigen Noviziates immatrikulierte er sich am 6. November 1629 mit einundzwanzig Mitbrüdern an der Universität Würzburg[22], um Philosophie zu studieren. Sein Lehrer war ATHANASIUS KIRCHER[23], der 1630 in Würzburg Philosophie, Mathematik und Hebräisch zu lehren begann. Beide verband später eine lebenslange Freundschaft, die sich vor allem in einer intensiven wissenschaftlichen Zusammenarbeit ausdrückte.

Als der schwedische König GUSTAV ADOLF im Herbst 1631 mit seinen Truppen auf Würzburg vorrückte, wollte der Rektor des Jesuitenkollegs „Peter Facies die Scholastiker und einige Brüder fortschicken, die Patres sollten aber auf alle Gefahr hin bleiben, damit es bei den erschreckten Bürgern nicht an Tröstern und Seelsorgern fehle. Alle Patres waren einverstanden. Als nun der Rektor diesen Entschluss dem Fürstbischof, der selbst fliehen wollte, mitteilte, zeigte dieser deutlich, dass er damit nicht einverstanden sei: was nützen so viele Priester in der Stadt, meinte er, als dass sie von den Feinden abgeschlachtet und ihretwegen die Stadt noch schlimmer behandelt wird. Daraufhin befahl der Rektor allen 80 Jesuiten, die Stadt schleunigst zu verlassen."[24] Am 15. Oktober besetzten die schwedischen Truppen Würzburg.

In seiner Autobiographie schreibt KIRCHER[25], dass er die Invasion der Schweden in einer nächtlichen Vision vorausgesehen und seine Mitbrüder davon unterrichtet habe. Daran erinnerte er sich noch Jahre später, als ihn SCHOTT in Rom danach fragte.[26] Von der allgemeinen Panik und Verwirrung mitgerissen, sei er zunächst nach Mainz und dann nach Speyer geflohen, berichtet KIRCHER. Dort hätten ihn die Ordensoberen nach Frankreich gesandt, wo er zunächst in Lyon und dann in Avignon doziert habe.

An den Provinzial wandte sich sicher auch SCHOTT, um zu erfahren, wo er sein Philosophiestudium abschließen solle. Da er später in Palermo studierte und sich lange in Sizilien aufhielt, gehen die meisten Biographen davon aus, dass er ATHANASIUS KIRCHER nach Frankreich und Italien begleitete. Dies ist jedoch äußerst unwahrscheinlich. Denn in seiner Autobiographie erwähnt KIRCHER davon nichts.[27] Dabei handelt es sich jedoch um die geistlichen Lebenserinnerungen des Jesuiten, in denen er vor allem über religiöse Erfahrungen, aber kaum etwas über Ordensmitbrüder berichtet, so dass dieses Argument nicht sehr stichhaltig ist.

Viel entscheidender ist dagegen der Hinweis von SCHOTT selbst, dass er 1631 auf der Durchreise in der Nähe der Marienwallfahrt von Foya bei Dinant gewesen sei.[28] Demnach machte er sich unmittelbar nach seiner Vertreibung auf den Weg nach Belgien, wo er zwei Jahre blieb[29].

Der Anlass war zweifellos das Philosophiestudium, das er wegen des Einfalls der Schweden in Würzburg nicht abschließen konnte. Da nach den *Constitutiones* und der *Ratio studiorum* der Gesellschaft Jesu dafür mindestens drei Jahre vorgeschrieben waren[30], musste er sich noch ein Jahr der Philosophie widmen. Deshalb sandten ihn seine Ordensoberen nach Tournai, wo er zum Theologiestudium zugelassen wurde, wie der folgende Eintrag in den *Catalogi breves personarum et officiorum* beweist: „1632 Tornaci Casparus Schot, Philipus Colbinus [...] admissi sunt ad Theologiam".[31]

Kolleg in Tournai

Überraschend ist allerdings, dass er zur Fortsetzung seiner Studien nach Sizilien gehen durfte. In seinem Buch *Magia universalis*[32] berichtet nämlich SCHOTT, wie er 1633 von Neapel nach Messina übersetzte.
Ausschlaggebend für das Studium in Italien dürfte allerdings nicht, wie man vielleicht vermuten könnte, die Freundschaft mit ATHANASIUS KIRCHER gewesen sein, sondern die schwierige wirtschaftliche Lage der deutschen Jesuitenkollegien, die unter den Folgen des Dreißigjährigen Krieges schwer zu leiden hatten. Ein anschauliches Beispiel dafür ist ein Brief von JOHANN BAPTIST CYSAT vom 5. August 1636. Als Rektor unterrichtet er darin den Provinzial über die bedrückende Schuldenlast des Innsbrucker Jesuitenkollegs und bittet inständig, dessen Ruin durch rasche Hilfe abzuwenden.[33] Als Ursache für die hohe Verschuldung nennt er die vielen Jesuiten, die nach der Vertreibung aus ihren Niederlassungen im Kolleg Zuflucht suchten und mit Nahrung und Kleidung versorgt werden müssten.
Vom Kriege unbehelligt studierte SCHOTT in Palermo Theologie und empfing dort 1637 die Priesterweihe[34]. Im folgenden Jahr beendete er das Studium und schloss 1638 mit dem Tertiat (3. Probejahr) in Trapani[35] seine Ordensausbildung ab. Über den weiteren Aufenthalt und seine Tätigkeiten in Sizilien ist wenig bekannt. Er dürfte jedoch, wie es damals üblich war, an verschiedenen Kollegien unterrichtet und darüber hinaus Seelsorge getrieben haben. SCHOTT selbst berichtet, dass er vier Jahre in der Stadt Mineo gewesen sei.[36] Nach ROST, der seine Quellen leider nicht genau angibt, soll er sich zudem drei Jahre in Trapani und ebenso lange in Lipari aufgehalten haben[37].
Am 24. November 1641[38] legte SCHOTT seine Professgelübde[39] ab und wurde damit endgültig in die Gesellschaft Jesu aufgenommen.

Kolleg in Palermo

Von 1648 bis 1651[40] dozierte er in Palermo Philosophie, Mathematik und Moraltheologie. Nebenbei studierte er sorgfältig die Werke seines Lehrers ATHANASIUS KIRCHER und machte ihn in einem Brief vom 10. Juni 1652 auf einige gravierende Fehler aufmerksam.[41] Zwei Monate später bat ihn SCHOTT, sich beim Ordensprovinzial und beim Rektor des Collegium Romanum dafür zu verwenden, ihn als seinen Assistenten nach Rom zu versetzen.[42] Da KIRCHER nicht über die Zeit verfügte, das angesammelte Material zu sichten und zu veröffentlichen, erfüllten die Vorgesetzten diesen Wunsch und sandten SCHOTT im Herbst 1652 in die Ewige Stadt. Über seine Tätigkeit berichtet er im Vorwort des Assistenten in KIRCHERS *Oedipus Aegyptiacus* und in der dritten Auflage von dessen *Magnes, sive de magnetica arte libri tres*.[43]

### Assistent Kirchers und Versetzung nach Deutschland

Seit seiner Ankunft in Rom 1633 hatte KIRCHER ein Museum aufgebaut, das als Wunderkammer Besucher aus ganz Europa anlockte.[44] SCHOTT, der sie durch das Kuriositätenkabinett führte, faszinierten besonders die hydraulischen und pneumatischen Maschinen. Sorgfältig untersuchte er, wie sie funktionierten, und machte sich darüber Notizen. Diese Aufzeichnungen und Notizzettel von KIRCHER bildeten die Grundlage für seine beiden Werke *Mechanica hydraulico-pneumatica* und *Magia universalis naturae et artis*, die 1657 in Würzburg erschienen.[45]

Collegio Romano

Nach drei Jahren sandte ihn der Ordensgeneral GOSWIN NICKEL jedoch nach Deutschland zurück. In seinem Brief vom 8. Mai 1655 teilte er dies dem Provinzial der Oberrheinischen Provinz mit. Darin lobt er SCHOTT als guten Ordensmann und bittet, „ihn mit großer Liebe aufzunehmen und ihm zu gestatten, in den mathematischen Disziplinen, in denen er sehr tüchtig ist, weiter zu arbeiten".[46]

Dies erweckte den Eindruck, als ob SCHOTT die in Deutschland fehlenden Mathematiker ersetzen und dieses Fach wieder beleben sollte, weil viele Lehrstühle nicht besetzt werden konnten.[47] Die rheinische Provinz, der SCHOTT ordensrechtlich angehörte, war damals, „was die Mathematik angeht, Entwicklungsgebiet".[48] Diese Schwierigkeiten bestanden jedoch schon seit Jahrzehnten und waren der Ordensleitung in Rom längst bekannt. Wegen der Konflikte zwischen Mathematikern und Philosophen wurden die Provinziäle sogar angewiesen, „streng darauf zu achten, daß die Philosophieprofessoren nicht in der Lehre oder anderswo die Würde der Mathematiker herabsetzen oder ihren Lehrsätzen widersprechen".[49] Weil dies häufig vorkam, musste sich wohl auch GOSWIN NICKEL, als langjähriger Provinzial und Assistent der deutschen Jesuiten, damit auseinandersetzen. Demnach scheint dieses Problem nicht der unmittelbare Anlass für die Versetzung von SCHOTT gewesen zu sein. Andernfalls hätte ihn NICKEL, spätestens nach seiner Wahl zum Ordensgeneral am 7. März 1652[50], von Sizilien direkt nach Deutschland beordert.

Ein plausiblerer Grund für SCHOTTS rasche Abreise von Rom, die ihn aus einer für KIRCHER und das Ansehen der Gesellschaft Jesu wichtigen Tätigkeit herausriss, ist nach GORMAN und WILDING die Verärgerung des Kurfürsten und Erzbischofs von Mainz JOHANN PHILIPP VON SCHÖNBORN über die Jesuiten. Dabei verweisen sie auf ein Schreiben, in dem JOHANN KREIHING, „der als Beobachter dem Regensburger Reichstag beiwohnte"[51], den Ordensgeneral bittet, sich um das Wohlwollen des Kirchenfürsten zu bemühen.[52] SCHÖNBORN hatte gute Gründe, über die Jesuiten erzürnt zu sein, die „1647 gegen seine Wahl als Erzbischof von Mainz intrigiert"[53] und ein Jahr später unter der Führung HEINRICH WANGNERECKS wegen der Westfälischen Friedensverträge heftig gegen ihn polemisiert hatten.[54]

Als ehemaliger Schüler des Mainzer Jesuitenkollegs[55] schätzte der Kurfürst die Gesellschaft Jesu und unterstützte sie bei der Wiedereröff-

nung ihres Kollegs in Würzburg.[56] Da es auf dem Reichstag in Regensburg 1653 erneut zu Differenzen kam, bat KREIHING den General, den verärgerten Erzbischof zu besänftigen.[57] In seinen Berichten nach Rom dürfte er im folgenden Jahr auch die Versuche OTTO VON GUERICKES erwähnt haben, die beim Kaiser und besonders beim Mainzer Kurfürsten großes Aufsehen erregt hatten. Als dessen Vertrauter wies KREIHING wahrscheinlich sogar darauf hin, dass SCHÖNBORN dem Magdeburger Bürgermeister die Geräte abkaufte und „nach seiner erzbischöflichen Residenz in Würzburg schaffen ließ".[58]
KIRCHER und SCHOTT wussten von diesen Versuchen aus einem Brief GEORG PHILIPP HARSDÖRFFERS, der ihnen am 20. September 1654 schrieb: „Aus seinen neuesten pneumatischen Erfindungen hat Dr. Otto Gerke, Konsul in Magdeburg, hier bei seiner Kaiserlichen Majestät und zum allgemeinen Staunen mehrere Meteore in gläsernen Kugeln ausgestellt, das Gewicht der Luft mit einer Waage gemessen und das sichtbare Vakuum demonstriert..."[59]
Dies könnte den Ordensgeneral bewogen haben, SCHOTT als Experten auf diesem Gebiet nach Deutschland zu senden, um das Wohlwollen des Kurfürsten zurückzugewinnen. Weil er aus Erfahrung wusste, wie gering das Ansehen der Mathematiker dort[60] war, bat NICKEL den Provinzial der Oberrheinischen Provinz ausdrücklich, SCHOTT in diesem Fach weiter arbeiten zu lassen und ihn nicht für andere Aufgaben heranzuziehen. Diese Annahme legt sich auch deshalb nahe, weil der General dessen Tätigkeit später mit großem Wohlwollen begleitete und ihn ermutigte, seine mathematischen Studien fortzusetzen.

## Begegnung mit dem Kurfürsten und erste Veröffentlichungen

Im Juni 1655 traf SCHOTT in Mainz ein, wo er sich sofort um die Veröffentlichung seiner druckfertigen Manuskripte bemühte und anscheinend vergeblich nach Geldgebern suchte. Am 7. Juli erhielt er ein persönliches Schreiben von NICKEL, der ihm seine Freude über die glückliche Reise und die herzliche Aufnahme in der Heimat ausdrückte und ihm einen guten Mäzen wünschte, „durch dessen Freigebigkeit er seine bereits verfassten Bücher veröffentlichen könne."[61] Da SCHOTT dafür schon Geld gesammelt hatte, erlaubte ihm der General, es beim Hausoberen oder beim Prokurator zu deponieren. Gleichzeitig versicherte er SCHOTT, dass ihm das Geld für seine Publikationen jederzeit zur Verfügung stünde. Sollten sich deswegen Schwierigkeiten ergeben, brauche er NICKEL nur daran zu erinnern, um die Sache zu regeln.
Bei einem Kurzbesuch in Nürnberg wandte sich SCHOTT in dieser Angelegenheit an den Buchdrucker WOLFGANG ENDTER und den Ratsherrn GEORG PHILIPP HARSDÖRFFER, mit dem er schon von Rom aus korrespondiert hatte. Der evangelische Gelehrte und Literat stand seit 1653 mit KIRCHER im Briefwechsel und hatte ihm seine mathematischen Werke zur Beurteilung übersandt.[62] Über die Begegnung mit ihnen berichtet SCHOTT in seinem Brief an KIRCHER vom 7. Juli 1655.
Einige Tage später wurden SCHOTT und der Rektor des Mainzer Jesuitenkollegs vom Kurfürsten empfangen, mit dem sie ein längeres Gespräch führten. SCHÖNBORN erkundigte sich nach dem Befinden KIRCHERS, stellte mathematische Fragen und lud SCHOTT nach Würzburg ein, um ihm auf der Festung Geräte zu zeigen, mit denen ein Magdeburger das Vakuum beweisen könne. Genaueres über den Verlauf der Unterredung erfuhr KIRCHER aus dem ausführlichen Brief seines ehemaligen Assistenten vom 15. Juli des gleichen Jahres.[63]

Universität Würzburg

Vor Beginn des Studienjahres begab sich Schott nach Würzburg. Dort erhielt er im Jesuitenkolleg das Zimmer, das Athanasius Kircher vor dem Einfall der Schweden bewohnt hatte.[64] An der Universität begann er Mathematik und Ethik zu lehren.

In Anwesenheit des Kurfürsten untersuchten Schott und andere Jesuitenprofessoren auf der Festung Marienberg die Geräte Guerickes und wiederholten mehrfach dessen Versuche. Da der Magdeburger Bürgermeister nicht dabei war[65], unterbreitete ihm Schott seine Fragen durch Briefe und veröffentlichte später dessen Antworten im Anhang seines Buches *Mechanica hydraulico-pneumatica*.[66] Neben genauen Beschreibungen der Versuche, die er im Einverständnis mit Guericke bekannt machte, finden sich darin Gutachten der Jesuiten Athanasius Kircher und Nikolaus Zucchi, die in Rom als Naturwissenschaftler arbeiteten, und des Würzburger Theologen Melchior Cornaeus.

Im Vorwort des Buches, für das er bereits am 23. Januar 1655 vom General in Rom die Druckerlaubnis erhalten hatte, schreibt Schott, dass er dessen Gliederung „auf Wunsch anderer“[67] geändert und deshalb mit der Behandlung der hydraulischen und pneumatischen Vorgänge angefangen habe. Da er darüber hinaus noch einen

Vakuum-Versuch: *Mechanica hydraulico-pneumatica*, S. 445 (Iconismus XLV)

umfangreichen Anhang, in der Ausgabe von 1657 sind dies mehr als vierzig Druckseiten, über die Versuche GUERICKES anfügte, war dies ein schwerer Verstoß gegen die Zensurvorschriften des Ordens. Deshalb stellt sich die Frage, wer ihn dazu veranlasste.

Wegen seiner Begeisterung für die Experimente dürfte der Kurfürst selbst gedrängt haben, möglichst schnell darüber zu berichten. Um ihn nicht noch einmal zu kränken, konnte SCHOTT sich diesem Wunsch kaum verschließen. Seine Bedenken wegen der Ordenszensur zerstreute SCHÖNBORN, indem er ein kaiserliches Privileg für die Veröffentlichung erwirkte. Nach seinem Erscheinen fand das Buch große Aufmerksamkeit und inspirierte den englischen Naturphilosophen ROBERT BOYLE, eine eigene Luftpumpe zu entwickeln. Die Jesuitenkollegien in Rom und Würzburg galten nun als Forschungszentren für hydraulische Fragen, so dass sich später auch die Royal Society in London für SCHOTT interessierte.

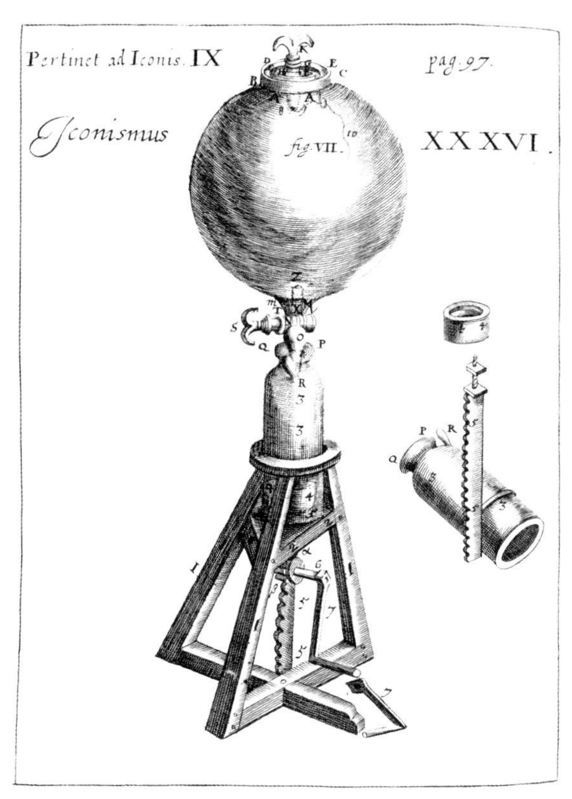


Englische Luftpumpe: *Technica curiosa* zu S. 97 (Iconismus IX)

Im selben Jahr erschienen die beiden ersten Bände der *Magia universalis naturae et artis*, in der SCHOTT den weitaus größeren Teil des am Museum Kircherianum in Rom ausgearbeiteten Manuskripts veröffentlichte. Als Leitmotiv wählte er einen Hymnus von HARSDÖRFFER über die Vermählung von Kunst und Natur:

„Applaudiert Pierien, applaudiert den Neuvermählten, Musen!
Der richterliche Amor vereine das edle Paar!
Es glüht die Kunst, und verbirgt unter der lieblichen Brust Flammen,
und begehrt die Liebreizende das edle Herz.
Ja, sogar verschönt die NATUR das Gesicht mit neuem Glanz
und entbrennt, die sittsame Braut, den teuren Mann.
Glücklich die Hand Schotts, die die Liebenden verbindet;
Schöne Reden verbreiten das fruchtbare Hochzeitslager.
Die Eheschließung laufe ohne Wolke ab, die Maschine sei geboren,
seines ewigen Namens außerordentlicher Ruhm.
Applaudiert Pierien, applaudiert den Neuvermählten, Musen!
Die Glücklichen vereint der richterliche Amor!“[68]

## Mathematikprofessor in Würzburg

Neben seiner Lehrtätigkeit an der Universität stand SCHOTT in ständigem Briefwechsel mit KIRCHER, unterhielt gute Beziehungen zu führenden Gelehrten und beteiligte sich lebhaft am Austausch wissenschaftlicher Erkenntnisse. Überaus belesen, arbeitete er intensiv und schrieb umfangreiche Werke.

An das warme Klima Italiens gewöhnt, litt SCHOTT im Winter unter der Kälte. Da ihn auch die schlechten Arbeitsbedingungen in Würzburg belasteten, beschwerte er sich beim Ordensgeneral. NICKEL bedauerte dies in seinem Brief vom 19. Januar 1656 und versprach, Abhilfe zu schaffen. Gleichzeitig ermunterte er SCHOTT, mit Eifer weiterzuarbeiten, um „der Mathematik die gebührende Achtung zu verschaffen.“[69]

Als ihm SCHOTT seine Bücher *Mechanica hydraulico-pneumatica* und *Magia universalis naturae et artis* zusandte, spornte ihn der General zu weiteren Publikationen an und versprach, die Ordensoberen zu ermahnen, ihn nicht zu sehr mit anderen Arbeiten zu belasten. In diesem Sinne wandte sich NICKEL tatsächlich in zwei Briefen an den zuständigen Provinzial. Aus seinem Schreiben vom 12. März 1661 geht hervor, dass SCHOTT ein eigenes heizbares Zimmer bekam, „während seine Mitbrüder sich ei-

nen gemeinsamen warmen Raum teilen mussten".[70]
Angeregt von HARSDÖRFFERS *Philosophischen und mathematischen Erquickstunden*[71] verfasste SCHOTT seine *Ioco-seria naturae et artis*. Mit der Begründung, das Buch entspreche nicht den Erwartungen, verweigerten ihm die Zensoren jedoch die Druckerlaubnis. Für SCHOTT war dies äußerst peinlich, weil ein Teil des Werkes bereits gedruckt worden war. In seinem Brief vom 30. Dezember 1662 ermahnte ihn deshalb der Ordensgeneral, dafür zu sorgen, dass der Verlegerin kein Schaden entsteht. Gleichzeitig wies er JOHANNES BERTHOLD, den Visitator der Oberrheinischen Provinz, an, die gedruckten Exemplare einzuziehen. Als Strafe verhängte JOHANNES PAUL OLIVA, was die elfte Generalkongregation für die Veröffentlichung von Büchern ohne Erlaubnis der Oberen festgelegt hatte. Neben Werken der Buße gehörten dazu die Amtsenthebung und der Verlust des aktiven und passiven Wahlrechts. SCHOTT scheint allerdings nicht bestraft worden zu sein, weil sich der Rektor HEINRICH MENSING für ihn einsetzte. Daraufhin ver-

*Ioco-seria naturae et artis:* Frontispiz

zieh ihm der General dieses Vergehen, bestand aber auf der vollständigen Unterdrückung des Werkes.[72]

SCHOTT selbst distanzierte sich davon in seiner *Technica curiosa*, die er zwei Jahre später in Würzburg veröffentlichte. Am Ende des Buches findet sich ein Verzeichnis seiner Publikationen, in dem er versichert, dass das Buch *Ioco-seria naturae & artis* noch nicht erschienen sei und unter seinem Namen auch nicht publiziert werde. Sollte dennoch irgendwann ein Werk mit einem ähnlichen Titel seinen Namen tragen, so sei dies eine Unterschiebung.[73]

Dennoch wurde das Buch 1666 unter dem Pseudonym Aspasius Caramuelius und mit dem verschlüsselten Erscheinungsjahr veröffentlicht.[74]

Me ergo frVere aC DIV VaLe.

*Ioco-seria:* Verschlüsseltes Erscheinungsjahr

Der Satz bedeutet: „Also genieße mich und lass es dir lange wohl ergehen." Er hat also einen Sinn. Die Großbuchstaben sind auffällig. Sie ergeben die Zahl MDCLXVI, wenn man zwei Buchstaben V zu X zusammenfasst.

Diese Angabe fehlt jedoch bei den meisten Exemplaren ebenso wie der Name des Verlegers und des Druckortes. Beigebunden ist bei allen das Werk von ATHANASIUS KIRCHER *Diatribe de prodigiis Crucibus*, für das General NICKEL 1661 die Druckerlaubnis erteilt hatte. Das Buch sprach jedoch einen größeren Leserkreis an, so dass die deutsche Übersetzung zwei Auflagen erreichte.

Weil ATHANASIUS KIRCHER seinen Assistenten vermisste, sollte SCHOTT 1661 nach Rom zurückkehren. Dieser weigerte sich jedoch und begründete dies in einem Schreiben an den Stellvertreter des Generals. Dieser akzeptierte seinen Wunsch, in Würzburg zu bleiben, und empfahl dem Provinzial, ihm mehr Zeit für seine wissenschaftlichen Arbeiten zu lassen.

Drei Jahre später bereute SCHOTT diese Entscheidung und bat den General, als Mathematiker an das Collegium Romanum gehen zu dürfen. OLIVA vertröstete ihn mit dem Hinweis, dass er berufen werde, sobald man in Rom einen Professor benötige. Im folgenden Jahr wollte er SCHOTT zum Rektor des Kollegs in Heiligenstadt ernennen. Als sich dieser aus gesundheitlichen Gründen dieser Aufgabe nicht gewachsen fühlte, verzichtete der General darauf. Stattdessen ermunterte er SCHOTT, sich weiterhin der Wissenschaft zu widmen, weil es leichter sei, einen geeigneten Rektor als einen guten Mathematiker zu finden. Am 9. Oktober 1666 übersandte ihm OLIVA die Druckerlaubnis für das Buch *Organum Mathematicum*, die SCHOTT jedoch nicht mehr erreichte. Erschöpft von seiner rastlosen schriftstellerischen Tätigkeit war er am 22. Mai 1666 in Würzburg gestorben.

Im Gegensatz zu den meisten Biographen nennen CARLOS SOMMERVOGEL und KARL A. F. FI-

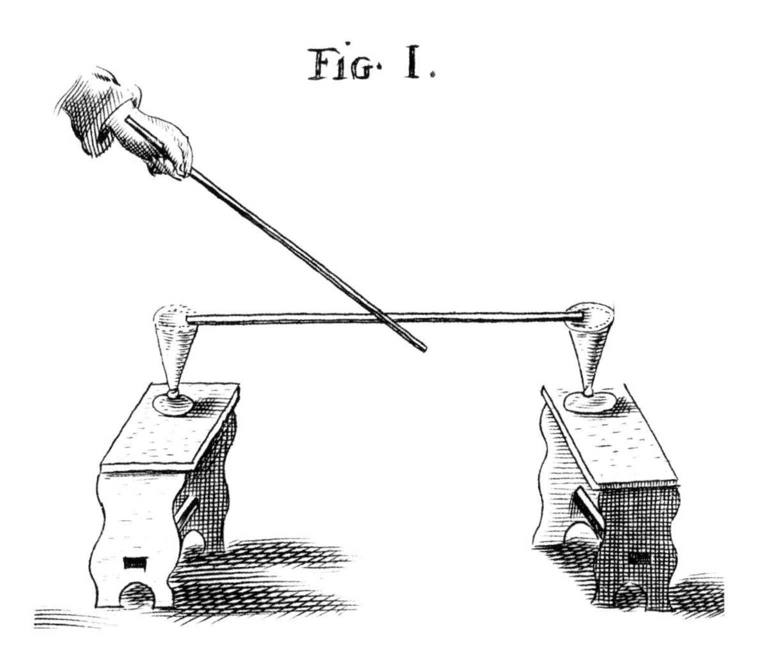


Zerbrechen eines Stabes, der über 2 Gläsern liegt: *Ioco-seria*, zu S. 8 (Iconismus I, Fig. I)

SCHER[75], wahrscheinlich in Abhängigkeit voneinander, Augsburg als Sterbeort. In den Personenverzeichnissen der Oberrheinischen Provinz ist als Todestag der 22. Oktober angegeben.[76] Dabei dürfte es sich jedoch um ein Versehen handeln, weil nach allen übrigen Lebensbeschreibungen KASPAR SCHOTT am 22. Mai 1666 in Würzburg gestorben ist.[77]

## Schotts Lebenswerk

Als Schriftsteller und Wissenschaftler hat KASPAR SCHOTT viel geleistet. Die Bibliographie von SOMMERVOGEL[78] verzeichnet von ihm vierzehn Werke, von denen einige in mehreren Bänden und einem Umfang von über tausend Seiten erschienen sind. Durch ihre reiche Bebilderung entsprachen sie dem Geschmack der Zeit und fanden zahlreiche Leser.
Im Alter von fast 50 Jahren verfasste SCHOTT die *Mechanica hydraulico-pneumatica* und die vierbändige *Magia universalis naturae et artis*, die sich mit physikalischen Themen und ihren Anwendungen befassen.

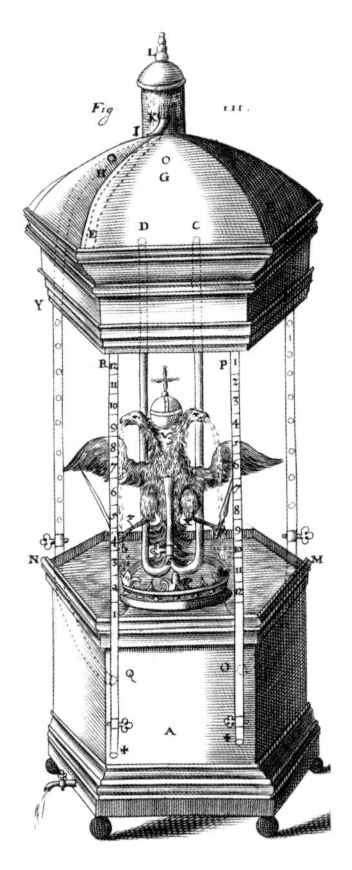

Brunnen: *Mechanica hydraulico-pneumatica*, zu S. 181 (Ausschnitt aus Iconismus II)

1660 folgte sein *Pantometrum Kircherianum*, in dem er auf der Grundlage eines von KIRCHER entwickelten „Vermessungsinstrumentes ausführlich die Aufgabenbereiche der Praktischen Geometrie darstellt".[79]
Unter dem Titel *Iter ex[s]taticum coeleste* publizierte er noch im selbem Jahr eine vollständig überarbeitete und kommentierte Ausgabe von dessen *Itinerarium exstaticum*, das nach seinem Erscheinen in Rom 1656 heftig kritisiert worden war.
Bei dem mit einer Widmung an Kaiser LEOPOLD I. 1661 veröffentlichten *Cursus mathematicus* handelt es sich um eine Enzyklopädie der Mathematischen Wissenschaften.
Unter dem Titel *Mathesis Caesarea* publizierte SCHOTT 1662 eine kommentierte Ausgabe des von seinem Ordensmitbruder ALBERT CURTZ in München anonym veröffentlichten Werkes *Amussis Ferdinandea* über den Gebrauch eines Proportionalzirkels.
In der *Physica curiosa*, die im gleichen Jahr gedruckt wurde, befasst sich SCHOTT im ersten Teil mit Engeln, Dämonen und allerlei Monströsem und im zweiten mit verschiedenen Tierarten. Zusammen mit der zwei Jahre später erschienenen *Technica curiosa* ist sie eine Ergänzung und Weiterführung der *Mechanica hydraulico-pneumatica* und der *Magia universalis*. Die *Technica curiosa*, deren Illustrationen bis heute nachgedruckt werden, ist sein grafisch ansprechendstes Buch.
In der *Anatomia physico-hydrostatica* behandelt SCHOTT 1663 unterirdische Gewässer, Quellen, Flüsse und Meere und lässt zwei Jahre später seine *Schola steganographica* drucken, die zu einem Standardwerk über Geheimschriften wurde. Postum veröffentlichten die Jesuiten in Würzburg das *Organum mathematicum*, in dem SCHOTT eine von KIRCHER entwickelte Lehrmaschine erläutert, die mit Täfelchen arbeitet, und eine von ihm erfundene Rechenmaschine vorstellt, die auf drehbaren Zylindern basiert.[80]
In seinen Büchern wirkt SCHOTT sprachschöpferisch: wie er im Buchtitel der *Technica*[81] als erster das Wort „Technik" benutzte, kreierte er den Begriff „Anamorphose" in seiner *Magia universalis*.[82]
SCHOTT wollte das mathematisch-naturwissenschaftliche Wissen seiner Zeit darstellen und „glaubte, wie übrigens auch BACON, dass die Geheimnisse der Natur am besten in ihren Aus-

nahmen gelüftet werden."[83] Deshalb befasste er sich in ihnen auch mit absonderlichen Erscheinungen und berichtete über Geister, Dämonen und Zentauren.

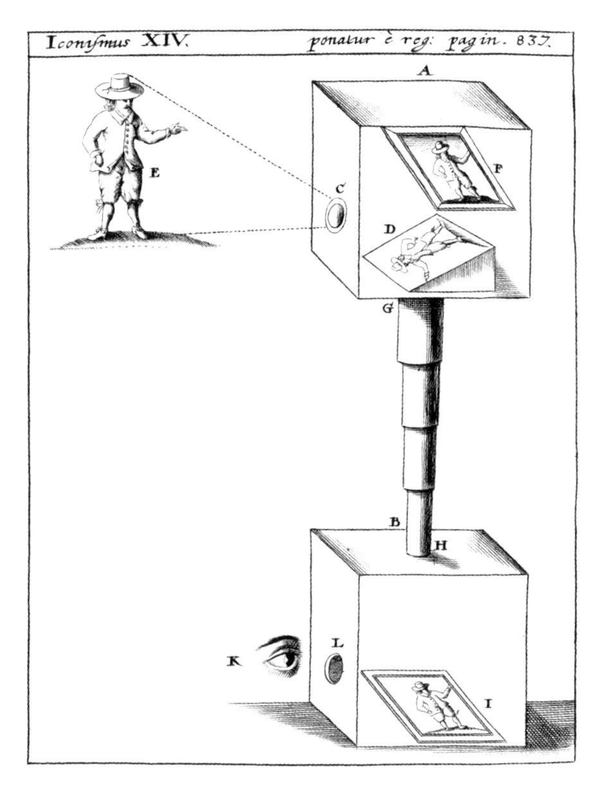


Periskop: *Technica curiosa*, zu S. 837 (Iconismus XIV)

## Wertungen

Die wissenschaftlichen Leistungen von SCHOTT werden deswegen sehr unterschiedlich bewertet. Während beispielsweise JOHANN DANIEL MAIOR 1677 in seiner Dissertation die *Physica curiosa* mit den Büchern des ARISTOTELES[84] vergleicht, fällt der Verfasser des Beitrags in der *Allgemeinen Deutschen Biographie* 300 Jahre später über die *Technica* und *Physica curiosa* ein ziemlich vernichtendes Urteil: „Die *technica* und die *physica* waren eben damals nur curiosa und die Schriften haben nur den Werth uns Nachricht von den damaligen geringen Kenntnissen aufbewahrt zu haben, freilich eingehüllt in eine ungebührliche Masse des größten Unsinns und des unglaublichsten Aberglaubens."[85]

Den historischen Nutzen der Schriften sieht auch der Jesuit BERNHARD DUHR, bemängelt aber, dass SCHOTT „von dem kritischen Salz seiner Mitbrüder Tanner und Spe nichts verkostet hat".[86]

Bemerkenswert ist dagegen, dass der bedeutende Philosoph und Mathematiker GOTTFRIED WILHELM LEIBNIZ 1701 den *Cursus mathematicus*, die *Anatomia physico-hydrostatica* und die *Mechanica hydraulico-pneumatica* von SCHOTT in einer Buchbesprechung als nützliche mathematische und physikalische Lehrbücher empfiehlt.[87] Mehrere seiner Werke hielt sogar der Aufklärer CHRISTIAN WOLFF für so bedeutsam, dass er die Titel in sein *Mathematisches Lexicon* aufnahm.[88]

Zur Lektüre empfiehlt SCHOTTS Bücher auch BERTHÉLEMY MERCIER DE SAINT-LÉGER, der 1785 als erster eine längere Abhandlung über Leben und Werk des Würzburger Jesuiten verfasste und feststellte: „Die Schriften sind, ich weiß es, nicht frei von Fehlern; der Autor hat sie mit einer Fülle von nutzlosen, gewagten, ja lächerlichen Dingen belastet; aber man findet dort wissenswerte Fakten, wertvolle Beobachtungen, beachtenswerte Erfahrungen; sie können denjenigen unserer Physiker, die den Mut haben, in dieser reichen Fundgrube zu forschen, eine ganze Reihe von Entdeckungen ermöglichen, so dass sie nicht bereuen, sich damit befasst zu haben."[89]

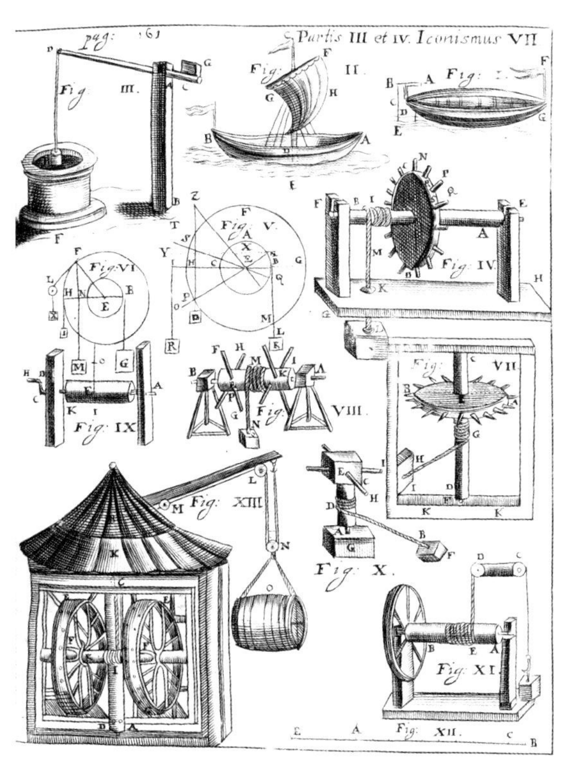


Einfache Maschinen: *Magia universalis III*, zu S.161 (Iconismus VII)

Beeindruckt von SCHOTTS wissenschaftlichen Leistungen zählte ihn WEISS 1825 zu den „gelehrtesten Männern seines Jahrhunderts, noch heute, wo die von ihm behandelten Wissenschaften so große Fortschritte gemacht haben, können seine Werke mit Nutzen konsultiert werden."[90]

Mit Gewinn studierte sogar zu Beginn des zwanzigsten Jahrhunderts TH. BECK als Ingenieur die Bücher des Jesuitenmathematikers und meinte: „Obgleich Kaspar Schotts Werke mehr theoretische Spekulationen als praktische Konstruktionen enthalten, bieten sie dem Maschinenbauer doch viele brauchbare Gedanken und Anregungen und dürften namentlich zur Ausbildung der selbständigen Steuerungen im Maschinenbau wesentlich beigetragen haben."[91]

Die unterschiedliche Einschätzung der wissenschaftlichen Bedeutung SCHOTTS führte HEYDE 1963 darauf zurück, dass man den Würzburger Gelehrten mit den herausragenden Astronomen und Naturwissenschaftlern seiner Zeit vergleicht und aufgrund der heutigen Kenntnisse übersieht, „was in und für die vergangene Zeit höchst bedeutungsvoll war, ohne das letztlich doch auch die später so stürmische Entwicklung nicht möglich gewesen wäre."[92]

Dabei wird allerdings häufig die Absicht übersehen, in der SCHOTT seine Bücher verfasste, obwohl sie aus deren Titel und Vorwort meist klar hervorgeht. Ein anschauliches Beispiel dafür sind die *Ioco-seria naturae et artis,* mit denen er die Leser zum Lachen bringen und ihnen kurzweilige Unterhaltung bieten wollte. Diese Erzählungen über erstaunliche, unerklärliche und verborgene Geheimnisse der Natur und der Kunst entsprachen dem damaligen Zeitgeschmack so gut, dass die deutsche Übersetzung des Werkes zwei Auflagen erlebte. Unverständlich ist deshalb, warum die Ordenszensoren die Druckerlaubnis mit der Begründung verweigerten, dass das Buch nicht den Erwartungen entspreche.

Im Vorwort der *Magia universalis* weist SCHOTT darauf hin, dass ihn „die Neigung fast aller, besonders der Adeligen und Prinzen, nicht nur der Jünglinge, sondern auch der an Gelehrsamkeit, Klugheit, Sacherfahrung und Würde herausragenden Männer, zu den Disziplinen, die Wunderliches, Merkwürdiges, Verborgenes und dem gemeinen Auffassungsvermögen Fremdes versprechen und zeigen",[93] veranlasste, sich damit

Anthropomorpher Garten: *Magia universalis I*, S. 195 (Ausschnitt aus Iconismus XIII);
Bild aus der Sammlung von Kardinal MONTALTO, das SCHOTT in Rom sah. Bei entsprechender Betrachtung kann man einen Mann erkennen.

zu befassen und das Buch zu schreiben. Als Ergebnis seiner Beobachtungen und Untersuchungen am *Museum Kircherianum* sollte man deshalb die *Magia universalis* eher mit den „im 17. Jahrhundert blühenden Kuriositätensammlungen"[94] als mit modernen wissenschaftlichen Abhandlungen vergleichen. Ähnliches gilt für die als Fortsetzung veröffentlichten *Physica* und *Technica curiosa*.

Als Jesuit und Hochschullehrer wollte SCHOTT mit seinen Büchern jedoch nicht nur kurzweilige Unterhaltung bieten, sondern humanistische Bildung und umfassendes Wissen vermitteln. Deswegen beschäftigte er sich mit antiken Gelehrten und fügte deren Erkenntnissen die neuen Entdeckungen seiner Zeit hinzu. Im Gegensatz zu den Vertretern der neuen Physik war SCHOTT kein Anhänger „einer Wissenschaft im Sinne spezieller Fachdisziplinen",[95] sondern versuchte, die verschiedenen Disziplinen zu einem globalen Weltbild zu vereinen. Seine „Wissenschaft" ist nicht „wertfrei" oder moralisch indifferent, sondern offenbart eine „göttliche Weltordnung und Bedeutung",[96] weil er als Jesuit gelernt hatte, Gott in allen Dingen zu suchen und zu finden.[97] Wenn sich SCHOTT als Erzieher und Theologe mit Dämonen, Hexen und dubiosen magischen Praktiken befasst, um sie durch vernünftige Erklärungen zu bekämpfen und Schaden abzuwenden, überwindet er den finsteren Aberglauben und trägt zur Aufklärung bei. Im Gegensatz dazu klammern die modernen Wissenschaften diese Bereiche bewusst als irrational aus und fördern so die Esoterik, die heute für viele zum Hoffnungsträger geworden ist.[98] Weil uns diese ganzheitliche Weltsicht abhanden gekommen ist, können wir vieles in den Werken SCHOTTS nicht richtig einordnen und verstehen.

Vielleicht ist gerade deshalb das Interesse an KASPAR SCHOTT in den letzten Jahren deutlich gewachsen. Eine neue Sicht eröffnen die Arbeiten von EBERHARD KNOBLOCH,[99] MICHAEL JOHN GORMAN, NICK WILDING,[100] HARALD SIEBERT,[101] DIETRICH UNVERZAGT[102] und HANS-JOACHIM VOLLRATH.[103] So lässt sich aufgrund neuerer Untersuchungen feststellen, dass SCHOTT im Rahmen seiner Möglichkeiten als Professor für Mathematik an der Universität Würzburg mit großem Fleiß viel geleistet hat und deshalb zu den bedeutendsten Gelehrten des 17. Jahrhunderts gehört. Als Jesuit zählte er nicht zu den kämpferischen Gegenreformatoren, sondern zu den Vorläufern der ökumenischen Bewegung, weil er die Zusammenarbeit mit namhaften evangelischen Wissenschaftlern gesucht und gepflegt hat. Für das Gymnasium in Königshofen wäre es eine Ehre gewesen, seinen Namen zu tragen[104] und sein, leider verschollenes, Bildnis[105] an einem gebührenden Platz aufzuhängen.

## Anmerkungen

[1] Umberto Eco: L'isola del giorno prima, Mailand 1994. Zitiert wird nach der deutschen Übersetzung von BURKHART KROEBER: Umberto Eco: Die Insel des vorigen Tages. München [9]2004, S. 267. – Vgl. dazu auch Michael Nerlich: Aufstieg zum Inferno. Zu Umberto Ecos *Insel vom Tag zuvor*. In: Eberhard Knobloch: Wissenschaft, Technik, Kunst (Gratia. Bamberger Schriften zur Renaissanceforschung 31). Wiesbaden 1997, S. 131–146.

[2] Die bei ECO angegebenen Orte und deren Reihenfolge treffen eher auf SCHOTTS Lehrer ATHANASIUS KIRCHER zu.

[3] Umberto Eco (Anm. 1), S. 259–261, beschreibt den Kupferstich „Iconismus XLII." in: Kaspar Schott: Mechanica hydraulico-pneumatica. Würzburg 1657, S. 428.

[4] Vgl. Umberto Eco: Ebd., die „Specula Melitensis", S. 337–339, mit Kaspar Schott: Technica curiosa. Nachdruck der Ausgabe Würzburg 1664. Hildesheim 1977, S. 423–477.

[5] Vgl. Umberto Eco: Ebd., 357–363 mit Schott: Ebd., S. 393–396.

[6] Umberto Eco: Ebd. S. 356. – Vgl. zum Ganzen: Kurt Illing: Ein Würzburger Jesuit in der Südsee. Pater Caspar Schott S.J. alias Pater Casper Wanderdrossel S.J. in Umberto Ecos Roman „Die Insel des vorigen Tages". In: Dieter Weber (Hg.): Mainfranken, Schönbornzeit und Frömmigkeit. Festgabe zum 70. Geburtstag von Gerhard Egert. Würzburg 1996, S. 36–51.

[7] Aspasius Caramuelius: Ioco-seria naturae et artis. Würzburg 1666. Das seltene Exemplar besitzt die Universitätsbibliothek Eichstätt, Signatur: 04/1 He X 4. Für die beigefügte Kopie des Titelblattes danke ich Herrn BDir. Dr. KLAUS WALTER LITTGER herzlich.

[8] Nach HANS-JOACHIM VOLLRATH wäre eine mögliche Deutung: „Casparus Amsel avius", was auf deutsch „Caspar, die Amsel auf Abwegen" hieße. Da „die Amsel bekanntlich eine Schwarzdrossel ist" und Schott sein Buch ohne Erlaubnis der Ordenszensur, also gewissermaßen auf Abwegen, veröffentlichte, erscheint die Auflösung plausibel. Weitere Möglichkeiten finden sich in seinem Beitrag „Spaß und Ernst bei Kaspar Schott" in diesem Band.

[9] Thomas Stauder: Gespräche mit Umberto Eco. (Wissenschaftliche Paperbacks; Bd. 17) Münster 2004, S. 76.

[10] Kurt Illing: Athanasius Kircher. Ein Würzburger Gelehrter der Barockzeit in Umberto Ecos Bestseller

„Das Foucaultsche Pendel". In: Mainfränkisches Jahrbuch für Geschichte und Kunst 42 (1990), S.149–155.

[11] Kolumban Spahr: Juan Caramuel v. Lobkowitz. In: Lexikon für Theologie und Kirche. Bd. 2. Freiburg/ Br. [2]1958, S. 936.

[12] Vgl. dazu: Franz Kaulen: Johannes Caramuel y Lobkowitz. In: Wetzer und Welte's Kirchenlexikon oder Encyklopädie der katholischen Theologie und ihrer Hilfswissenschaften. Bd. 2. Freiburg/Br. [2]1883, Sp. 1933–1936. – Stieve: Caramuel y Lobkowitz. In: Allgemeine Deutsche Biographie. Bd. 3. Berlin 1967, S. 778–781.

[13] Friedhelm Jürgensmeier: War Johannes Caramuel y Lobkowitz (1606–1682) Weihbischof in Mainz? In: Archiv für Mittelrheinische Kirchengeschichte 24 (1972), S. 259–266.

[14] Friedhelm Jürgensmeier: Johann Philipp von Schönborn (1605–1673) und die römische Kurie. Ein Beitrag zur Kirchengeschichte des 17. Jahrhunderts. (Quellen und Abhandlungen zur mittelrheinischen Kirchengeschiche; Bd. 28). Mainz 1977, S. 169–171.

[15] Ebd., S. 81f.

[16] Ramón Ceñal Lorente: Juan Caramuel. Su epistolario con Atanasio Kircher SI. In: Revista de filosofia. Madrid 12 (1953), S. 101–147. – John Fletcher: Athanasius Kircher and his correspondence. In: Ders. (Hg.): Athanasius Kircher und seine Beziehungen zum gelehrten Europa seiner Zeit. (Wolfenbütteler Arbeiten zur Barockforschung; Bd. 17) Wiesbaden 1988, S. 144 u. 163. – Kolumban Spahr (Anm. 11), S. 936.

[17] StaMz: Catalogi primi triennales 15/432,28 zitiert nach: Dietrich Unverzagt: Philosophia, Historia, Technica. Caspar Schotts Magia Universalis. Berlin 2000, S. 11, Anm. 2. – Vgl. auch Karl A. F. Fischer: Jesuiten-Mathematiker in der Deutschen Assistenz bis 1773. In: Archivum Historicum Societatis Jesu 47 (1978), S. 217.

[18] Eintrag im I. Pfarrmatrikelband der Pfarrei Königshofen (1600–1679); Taufmatr. Fol. 13: „Anno Domini 1608, 12. Februarius, baptizatus ê filiolus Joannis Schott militis, patrinus Casparus Schmidt Eyershausanus"; nach Richard Zürrlein: P. Caspar Schott (1608–1666). In: Gymnasium Königshofen im Grabfeld (Hg.): Festschrift. 20 Jahre Gymnasium Königshofen i. Gr. 1947–1967. Königshofen 1967, S. 57, Anm. 9.

[19] Vgl. dazu: Clara Englander: Das Werden des Würzburger Collegs der Societas Jesu. In: Würzburger Diözesangeschichtsblätter 14/15 (1952/1953), S. 519–536. – Ernst-Günther Krenig: Collegium Fridericianum. Die Begründung des gymnasialen Schulwesens unter Fürstbischof Friedrich von Wirsberg in Würzburg. In: Lebendige Tradition. 400 Jahre Humanistisches Gymnasium in Würzburg. Festschrift zur 400 Jahrfeier des Wirsberg-Gymnasiums und zum 75 jährigen Bestehen des Riemenschneider-Gymnasiums. Würzburg 1961, S. 1–22.

[20] Neue Fränkische Chronik 2 (1807), Nr. XXIII, S. 502f.

[21] Thomas F. Mulcrone: Gaspar (Kaspar) *Schott*. In: Charles E. O'Neill/ Joaquin M.ª Dominguez (Hgg.): Diccionario histórico de la Compañía de Jesús. Biográfico-temático. Rom/Madrid 2001, Bd. 4, S. 3531.

[22] Sebastian Merkle (Hg.): Die Matrikel der Universität Würzburg. (Veröffentlichungen der Gesellschaft für Fränkische Geschichte IV, 5) München/ Leipzig 1922, Bd. 1, S. 168, Nr. 3759.

[23] Kaspar Schott: Physica curiosa. Nachdruck der Ausgabe Würzburg 1662. Hildesheim 2003, S. 218.

[24] Bernhard Duhr: Geschichte der Jesuiten in den Ländern deutscher Zunge. Freiburg/ Br. 1913, Bd. 2, 1, S. 406.

[25] Hieronymus Ambrosius Langenmantel (Hg.): Vita admodum Reverendi P. Athanasii Kircheri, Societ. Jesu. Augustae Vindelicorum MDCLXXXIV, S. 24–26. – Deutsch von Nikolaus Seng (Übers.): Die Selbstbiographie des P. Athanasius Kircher aus der Gesellschaft Jesu. Fulda 1901, S. 30.

[26] Kaspar Schott ( Anm. 23), S. 218.

[27] Vgl. Nikolaus Seng (Übers.) (Anm. 25).

[28] Kaspar Schott: Magia universalis naturae et artis, Bd. 1. Bamberg 1677, S. 184. Dort heißt es: „In agro Foyensi Dionantinae regionis in Belgio, non procul à Sacello Deiparae, quae magnâ ibi veneratione & populorum concursu colitur, splendentes gemmarum in morem effodiuntur lapilli (ut ipsemet vidi, cùm Anno 1631. illac transirem) tantâ colorum varietate ac venustate, ut Natur, vel Naturam supergressus Deus, in iis mirificè lusisse videatur."

[29] Ebd., S. 24: „Talia in multis Belgii civitatibus vidi & audivi saepissinmè duorum annorum spatio."

[30] Ignatius <von Loyola>: Constitutiones Societatis Jesu. (Monumenta Ignatiana III, 3) Rom 1938, S. 152. – Bernhard Duhr: Die Studienordnung der Gesellschaft Jesu. (Bibliothek der katholischen Pädagogik, Bd. 9 ) Freiburg/Br. 1896, S. 153.

[31] StaMz 15/453 zitiert nach Dietrich Unverzagt (Anm.17), S. 12, Anm. 7.

[32] Kaspar Schott (Anm. 28), Bd. 2, S. 26: „Anno enim 1633. cùm Neapoli in Siciliam navigarem, exiguâ scaphâ vectus, & post sex dierum navigationem prosperam tandem die septimo Messinam urbem in conspectu haberem;..."

[33] BayHStA, München, Jesuitica 1969.

[34] Thomas F. Mulcrone (Anm. 21), S. 3531.

[35] Dietrich Unverzagt (Anm. 17), S. 12.

[36] Kaspar Schott (Anm. 28), Bd. 4, S. 149.

[37] Johann W. Rost: Versuch einer historisch-statistischen Beschreibung der Stadt und ehemaligen Festung Königshofen und des königlichen Ladgerichts: Bezirks Königshofen. Würzburg 1832. Beilage VI, S. 218.

[38] Thomas F. Mulcrone (Anm. 21), S. 3531.

[39] Nathanael Sotvello (Hg.): Bibliotheca Scriptorum Societatis Iesu. Opus inchoatum a. R.P. Petro Ribadeneira. Rom 1676, S. 282.

[40] Karl A. F. Fischer: Jesuiten-Mathematiker in der französischen und italienischen Assistenz bis 1762 bzw. 1773. In: Archivum Historicum Societatis Iesu 52 (1983), S. 91.

[41] Michael John Gorman/Nick Wilding: Technica Curiosa. The mechanical marvels of Kaspar Schott (1608–1666). In: La „Technica Curiosa" di Kaspar Schott. Firenze 2000, S. 256.
[42] Ebd., S. 257.
[43] Athanasius Kircher: Oedipus aegyptiacus, Rom 1652–4, S. C 2.– Ders.: Magnes sive de arte magnetica. Rom ³1654. S. ††: „Authoris in re literaria socius benevolo lectori S[alutem] D[icit]. Englische Übersetzung bei Michael John Gorman / Nick Wilding: Ebd., S. 257f.
[44] Vgl. dazu: Silvio A. Bedini: Citadels of learning. The Museo Kircheriano and other seventeenth century italian science collections. In: Maristella Casciato (Hg.): Enciclopedismo in Roma barocca. Athanasius Kircher e il Museo del Collegio Romano tra Wunderkammer e museo scientifico. Venezia 1986, S. 249–359. – Conor Reilly: Athanasius Kircher S.J. Master of a hundred arts 1602–1680. (Studia Kircheriana; Bd. 1) Wiesbaden 1974, S. 145–155.
[45] Kaspar Schott (Anm. 3), S. 2 „Spartam hanc ab ipso Auctore mihi commissam prae aliis assumpsi ex colendam, quoniam..."
[46] Bernhard Duhr (Anm. 24), Bd. 3, S. 590.
[47] Vgl. dazu: Albert Krayer: Mathematik im Studienplan der Jesuiten. Die Vorlesungen von Otto Cattenius an der Universität Mainz (1610/11). Stuttgart 1991, S. 24–55.
[48] Ebd., S. 46.
[49] Ladislaus Lukács (Hg.): Monumenta paedagogica Societatis Iesu, Bd. V, S. 236: „Servissime caveant, qui praesunt, ne philosophi professores inter docendum aut alibi mathematicorum dignitatem elevent, neve eorum refellant sententias,..." – Dazu auch: Marcus Hellyer: Catholic Physics. Jesuit Natural Philosophy in Early Modern Germany. Notre Dame 2005, S. 114–137.
[50] Ludwig Koch: Jesuiten-Lexikon. Die Gesellschaft einst und jetzt. Paderborn 1934, Sp. 1293.
[51] Friedhelm Jürgensmeier (Anm. 14), S. 160, Anm. 140.
[52] Michael John Gorman / Nick Wilding (Anm. 41), S. 266. Statt *Kreyling* muß es KREIHING heißen!
[53] Friedhelm Jürgensmeier (Anm. 14), S. 203.
[54] Vgl. dazu: Bernhard Duhr (Anm. 24), Bd. 2/1, S. 478–480. – Ludwig Steinberger: Die Jesuiten und die Friedensfrage in der Zeit vom Prager Frieden bis zum Nürnberger Friedensexekuntionshauptprozeß 1635–1650. (Studien und Darstellungen aus dem Gebiete der Geschichte; Bd. 5) Freiburg/Br. 1906.
[55] Friedhelm Jürgensmeier: Das Bistum Mainz. Von der Römerzeit bis zum II. Vatikanischen Konzil. Frankfurt/Main 1988, S. 220.
[56] Bernhard Duhr (Anm. 24), Bd. 3, S. 98.
[57] Friedhelm Jürgensmeier (Anm. 14), S. 204.
[58] Otto von Guericke: Neue (sogenannte) Magdeburger Versuche über den leeren Raum. Nebst Briefen, Urkunden und anderen Zeugnissen seiner Lebens- und Schaffensgeschichte. Übers. u. hg. von Hans Schimank. Düsseldorf 1968, S. XXIII.
[59] John E. Fletcher: Georg Philipp Harsdörffer, Nürnberg, und Athanasius Kircher. In: Mitteilungen des Vereins für Geschichte der Stadt Nürnberg 59 (1972), S. 209.
[60] Vgl. dazu: Marcus Hellyer (Anm. 49), S. 122–125.
[61] Bernhard Duhr (Anm. 24), Bd. 3, S. 591.
[62] Vgl. dazu John E. Fletcher (Anm. 59), S. 206f.
[63] Vgl. dazu: Michael John German/Nick Wilding (Anm. 41), S. 266–268.
[64] Kaspar Schott (Anm. 23), S. 218: „ ...dormiens in illo ipso cubiculo, quod ego nunc inhabito, ..."
[65] Nach Dietrich Unverzagt (Anm. 17), S. 94 sollen sich dabei GUERICKE und SCHOTT in Würzburg getroffen haben. Da die Versuche in Regensburg „Anfang Mai 1654" vorgeführt wurden, und SCHOTT erst im Herbst 1655 nach Würzburg kam, ist dies ziemlich unwahrscheinlich.
[66] Deutsche Übersetzung der Briefe in: Otto von Guericke (Anm. 58), S. (9)–(45).
[67] Kaspar Schott (Anm. 3), S. 3: „Ab Hydraulicis igitur atque Pneumaticis initium sumere decrevi, idque non tàm meà, quàm aliorum voluntate."
[68] Kaspar Schott (Anm. 28), Bd. 1, ††v. – Deutsch bei Dietrich Unverzagt (Anm. 17), S. 140.
[69] Bernhard Duhr (Anm. 24), Bd. 3, S. 591.
[70] Ebd., S. 591, Anm. 1 – Dietrich Unverzagt (Anm. 17), S. 14
[71] Georg Philipp Harsdörffer: Delitiae philosophicae et mathematicae. Nürnberg 1651–53.
[72] Vgl. dazu: Bernhard Duhr (Anm.24), Bd. 3, S. 591f.
[73] Kaspar Schott: Technica curiosa. Würzburg 1664. Ssssss 2 v. Zitiert wird nach dem Exemplar der BSB, München, Res. 4⁰ Phys. G 153, weil das Literaturverzeichnis im Nachdruck fehlt. „In hoc Opere passim fit mentio Joco-seriorum Naturae & Artis: quae tamen lucem hactenus non viderunt, nec meo sub nomine videbunt. Quare si similis tituli Opusculum nomen meum aliquando fortassis praeferet, suppositium credito."
[74] Aspasius Caramuelius (Anm. 7).
[75] Karl A. F. Fischer (Anm. 40), S. 91. Vgl. dazu aber Ders. (Anm. 17), S. 217. – Carlos Sommervogel (Hg.): Bibliothèque de la Companie de Jésus. Bd. 7. Bruxelles-Paris 1896, Sp. 904.
[76] Marcus Hellyer (Anm. 49), S. 279, Anm. 15.
[77] Nathanael Sotvello (Anm. 39), S. 282. – Andreas Sebastian Stumpf: Kurze Nachrichten von merkwürdigen Gelehrten des Hochstifts Wirzburg in den vorigen Jahrhunderten. Frankfurt-Leipzig 1794, S. 163. – Heinrich Thoelen: Menologium oder Lebensbilder aus der Geschichte der deutschen Ordensprovinz der Gesellschaft Jesu. Roermond 1901, S. 319f.
[78] Carlos Sommervogel (Anm. 75), Bd. 7, Sp. 904–912.
[79] Hans-Joachim Vollrath: Das Pantometrum Kircherianum – Athanasius Kirchers Messtisch. In: Horst Beinlich, Hans-Joachim Vollrath, Klaus Wittstadt (Hg.): Spurensuche. Wege zu Athanasius Kircher. Dettelbach 2002, S. 132.
[80] Vgl. dazu: Peter Frieß/Alban Müller: Organum Mathematicum des Athanasius Kircher SJ. In: Sam-

melblatt des Historischen Vereins Ingolstadt 109 (2000), S. 121–136. – Hans-Joachim Vollrath: Das Organum mathematicum – Athanasius Kirchers Lehrmaschine. In: Horst Beinlich (Hg.) (Anm. 79), S. 101–117.

[81] Jolis Erich Heyde: Zur Geschichte des Wortes „Technik". In: Humanismus und Technik 9 (1963), S. 25–43.

[82] Dietrich Unverzagt (Anm. 17), S. 13.

[83] Dietrich Unverzagt (Anm. 17), S. 13.

[84] Iohann Daniel Maior: Genius errans. Sive de ingeniorum in scientiis abuseu Dissertatio. Kiel 1677, D v.

[85] Kaspar Schott. In: Allgemeine Deutsche Biographie. Bd. 34, Berlin 1971, S. 740.

[86] Bernhard Duhr (Anm. 24), Bd. 3, S. 592.

[87] Gottfried Wilhelm Leibniz: Beilage zu einem Brief an Tschirnhaus vom 17.4. 1701. In: E[hrenfried] W[alther]von Tschirnhaus: Gründliche Anleitung zu nützlichen Wissenschaften, absonderlich zu der Mathesi und Physica, wie sie anitzo von den Gelehrtesten abgehandelt werden. Nachdruck der Ausgabe Frankurt [4]1729. Stuttgart-Bad Cannstatt 1967, S. XVIII.

[88] Vgl. Christian Wolff: Mathematisches Lexicon. Nachdruck der Ausgabe Leipzig 1716. Hildesheim 1965, Sp. 1654.

[89] Berthélemy Mercier de Saint-Léger: Notice raisonnée des ouvrages de Gaspar Schott, Jésuite. Contenant des Observations curieuses sur la Physique Expérimentale, l'Histoire Naturelle & les Arts. Paris 1785, S. 4.

[90] Von Weiss. In: L.G. Michaud: Biographie universelle ancienne et moderne, ...ou histoire, par ordre alphabétique, de la vie publique et privée de tous les hommes qui sont fait remarquer par leurs ecrits, leurs actions, leurs talents, leurs vertus et leurs crimes. Paris 1825, Bd. 41, S. 234.

[91] Th. Beck: Kaspar Schott (1608 bis 1666). In: Zeitschrift des Vereins Deutscher Ingenieure 46 (1902), S. 1508.

[92] Jolis Erich Heyde (Anm. 81), S. 35.

[93] Zitiert nach Dietrich Unverzagt (Anm. 17), S. 36.

[94] Ebd., S. 41.

[95] Ebd., S. 279.

[96] Ebd., S. 280.

[97] Vgl. dazu: Ignatius <von Loyola>: Geistliche Übungen. Übertragung und Erklärung von Adolf Haas. Freiburg/Br. [4]1978, S. 79, Nr. 235.– Josef Stierli: Das Ignatianische Gebet: „Gott suchen in allen Dingen". In: Friedrich Wulf (Hg.): Ignatius von Loyola. Seine geistliche Gestalt und sein Vermächtnis 1556–1956. Würzburg 1956, S. 151–182.

[98] Vgl. dazu: Bernhard Grom: Hoffnungsträger Esoterik? Regensburg 2002.

[99] Eberhard Knobloch: Klassifikationen. In: Menso Folkerts, Eberhard Knobloch, Karin Reich (Hg.): Maß, Zahl und Gewicht – Mathematik als Schlüssel zu Weltverständnis und Weltbeherrschung. Wiesbaden: Harrassowitz, 2001, S. 5–32.

[100] Michael John German/Nick Wilding (Anm. 41).

[101] Harald Siebert: Die große kosmologische Kontroverse – Rekonstruktionsversuche anhand des Itinerarium exstaticum von Athanasius Kircher SJ (1602–1680). Stuttgart: Franz Steiner („Boethius", Bd. 55) 2006.

[102] Dietrich Unverzagt (Anm. 17).

[103] Hans-Joachim Vollrath (Anm. 80).

[104] Richard Zürrlein (Anm. 18), S. 74.

[105] Maria Reindl: Lehre und Forschung in Mathematik und Naturwissenschaften, insbesondere Astronomie, an der Universität Würzburg von der Gründung bis zum Beginn des 20. Jahrhunderts. Würzburg 1965, S. 177.

# Kaspar Schott als Jesuit

*Rita Haub*

### Jesuiten an der Universität Würzburg

Bei der Gründung der Alma Julia im Jahr 1582 hatte Fürstbischof JULIUS ECHTER VON MESPELBRUNN den Jesuitenorden mit der Lehre an der *Universität* und am zugehörigen *Gymnasium* beauftragt. Die Jesuiten erhielten in der artistischen Fakultät sieben Lehrstühle, in der theologischen drei. Die ersten akademischen Grade verlieh die junge Würzburger Universität am 19. Januar 1582.[1]

Der Orden sicherte gut qualifizierte Patres für die Lehre. Allerdings mussten sie nach den Regeln des Ordens häufig wechseln. Als KASPAR SCHOTT 1655 berufen wurde, war er 73 Jahre nach Gründung der Universität der 29. Professor der Mathematik.

Räumlich hingen Universität, Gymnasium und Jesuitenkolleg eng zusammen; sie bildeten einen großzügig angelegten Gebäudekomplex. Im ehemaligen Jesuitenkolleg ist heute das Priesterseminar untergebracht.[2]

Der Dreißigjährige Krieg brachte schwere Störungen der Arbeiten in Stadt und Stift, wo über 40 Mitglieder des Ordens tätig waren. Doch bei SCHOTTS Berufung war der alte Betrieb im vollen Umfang wieder hergestellt. Die Jesuiten arbeiteten im Kolleg und an der Universität für die geis-

Alte Universität in Würzburg. Kupferstich von JOHANN LEYPOLT aus: *Encaenia et tricennalia Juliana* von CHRISTOPHORUS MARIANUS, Würzburg 1604.

tige und die sittliche Ausbildung der Jugend, aus der zahlreiche tüchtige Beamte und Geistliche hervorgingen. Sie predigten im Dom und an der Universitätskirche, hielten an verschiedenen Stellen der Stadt und Umgegend regelmäßig Katechesen und Christenlehre und leiteten fünf Kongregationen, unter denen die der Akademiker am meisten hervortrat. KASPAR SCHOTT war neben seinem Unterricht in Mathematik auch in der Seelsorge eingesetzt. So war er nachweislich Beichtvater des Fürstbischofs, hat aber auch die ganz normalen seelsorglichen Aufgaben eines Jesuiten wahrgenommen, wie Beichthören, Predigen und Betreuung von Armen, Kranken und Gefangenen.

## Das Bildungsprogramm der Jesuiten

Der Jesuitenorden[3] legte seit seiner Gründung im Jahr 1534 durch IGNATIUS VON LOYOLA[4] (1491–1556) besonderen Wert auf Bildung.[5] An allen Bildungseinrichtungen der Jesuiten war die 1599 erlassene *Ratio studiorum* als Studienordnung verbindlich. Sie bietet den Lehrstoff und die Lehrmethoden in Form einer *Sammlung von praktischen Regeln* für die Leiter der Universitäten und Gymnasien und deren ausführende Organe.

Die *Ratio studiorum* gliedert sich in einzelne Gruppen von Regeln, beginnend mit der Theologie bis hinunter zur ersten Gymnasialklasse. Es wird also der Aufbau der Studien in dreifacher Abstufung gezeigt: Gymnasium, Philosophie, Theologie. Dieser Studienplan des aufsteigenden Klassensystems entspricht dem *modus Parisiensis* der Sorbonne, nach dem Ignatius und seine ersten Gefährten studiert haben. Er wurde für die Kollegien der Gesellschaft Jesu verbindlich erklärt und schon im ersten Kolleg zu Messina eingeführt.

Der *modus Parisiensis* zielte auf die Erziehung und Bildung der Jugendlichen zu christlichen Persönlichkeiten. Er bestand aus einem dreigliedrigen System, das mit der humanistischen Ausbildung mit Schwerpunkt Latein begann, worauf ein dreijähriger Kurs an der Artistenfakultät mit Betonung der aristotelisch-thomistischen Philosophie folgte. Der erfolgreiche Abschluss dieser „grammatischen" und „dialektischen" Ausbildung befähigte zur Zulassung zum Universitätsstudium (Theologie, Medizin, Rechtswissenschaft).

Der *humanistische Unterricht* wurde in drei Klassen aufgeteilt, die grammatische, die humanistische und die rhetorische, wobei die erstere ihrerseits in drei Klassen eingeteilt war und so ein System von fünf Klassen entstand. Dieses System wurde später in den anderen Kollegien übernommen.

Das *Gymnasium* diente zur Vorbereitung auf die höheren Studien von Philosophie und daran anschließend von Theologie, Rechtswissenschaft oder Medizin. Es war in fünf Klassen unterteilt, wobei eine Klasse immer einem Schuljahr entsprach: drei Klassen Grammatik, eine Klasse Humaniora und eine Klasse Rhetorik.

Der Unterricht war unentgeltlich, denn Wissenschaft und Lehre sollten für die Jesuiten keine Einkommensquelle werden. Diese absolute Neuheit, die auch ärmeren Schülern eine gelehrte Laufbahn ermöglichte, hat viel Neid und Feindseligkeit gegenüber dem Jesuitenorden verursacht, denn die Lehrer, die auf das Schulgeld angewiesen waren, sahen in dem unentgeltlichen Unterricht einen Verdrängungswettbewerb.

In das Gymnasium aufgenommen wurde nur, wer die Befähigung dafür hatte. Die Kinder konnten theoretisch mit 7 oder 8 Jahren aufgenommen werden, mussten aber bereits lesen und schreiben können und über grundlegende Lateinkenntnisse verfügen. In der Praxis lag das Eintrittsalter im Durchschnitt bei 10 bis 14 Jahren. Die alten Lateinschulen dienten als Vorbereitungsschulen für die Jesuitengymnasien. Hier wurde den Kindern das Lesen und Schreiben zusammen mit lateinischen Grundkenntnissen vermittelt.

Die tägliche Unterrichtszeit betrug vier bis fünf Stunden. Der Tagesablauf begann morgens um 7 Uhr mit der Messe, der Unterricht fand dann von 7:30 bis 10 Uhr und von 13:30 bis 16 Uhr statt. Ein wichtiger pädagogischer Grundsatz in der *Ratio studiorum* war ferner die Erholung, die allerdings nicht bedingungslose Freizeit beinhaltete, sondern sinnvoll genützte Zeit außerhalb des eigentlichen Unterrichts. Ein Tag in der Woche, der so genannte „Villa-Tag", in deutschen Kollegien meist der Donnerstag, war frei und wurde zum Ausflug in die Natur benutzt. Im Hochsommer, an den so genannten Hundstagen (13. Juli bis 2. August), war zusätzlich der Dienstag halbtags frei. Dazu kamen zahlreiche kirchliche Feiertage und ein bis zwei Monate Jahresferien (im

Sommer bzw. Herbst), so dass es im Gymnasium der Jesuiten maximal 137 freie Tage pro Jahr gab.
Die Ferienregelung war je nach Schule verschieden; das Schuljahr begann jedoch gewöhnlich am 18. Oktober und zog sich ohne größere Ferien bis zum 8. September.
Der Text und die Unterrichtssprache waren Latein. Die verwendeten Bücher waren vorgegeben. Diese Einschränkung der Lektüre brachte eine hohe Konzentration mit sich, so dass der Schüler während seiner Ausbildung in eine umfangreiche lateinische Literatur eingeführt wurde, die er genau kannte und in der er „zu Hause“ war.

Mathematik, Geographie und Physik wurden erst in der Philosophie beim Studium griechischer Mathematiker und Naturphilosophen unterrichtet. Im Rahmen des Philosophiestudiums wurden im ersten Jahr die Meteorologie und die Astronomie behandelt; dabei wurde an Instrumenten wiederholt die Sonnenuhr in verschiedener Form sowie der Quadrant benutzt. Im zweiten Jahr hatte die Physik ihren Platz; sie wurde nach ARISTOTELES gelehrt und war somit stark nach der naturphilosophischen Seite ausgerichtet.
Die Jesuitenschulen beeinflussten Religion und Kultur in vielen Gebieten der Welt. Aber auch für die Gesellschaft Jesu selbst brachten sie eine

5

# RATIO
## ATQVE INSTITVTIO
# STVDIORVM
## SOCIETATIS IESV.

---

## REGVLÆ
## PROVINCIALIS.

1 VM ex primariis Societatis Noſtræ miniſteriis vnum ſit, omnes diſciplinas Inſtituto noſtro cõgruentes ita proximis tradere, vt inde ad Conditoris ac Redemptoris noſtri cognitionem atque amorem excitentur; omni ſtudio curandum ſibi putet Præpoſitus Prouincialis, vt tam multiplici ſcholarum noſtrarum labori fructus, quem gratia noſtræ vocationis exigit, abundè reſpondeat.

*Finis ſtudiorum Societatis.*

P.4.proœ. & c.12.§.1. p.10.§.3.

2 Proinde non ſolùm id Rectori valdè cõmendet in Domino, ſed ei etiam Præfectum ſtudiorum, vel Cancellarium adiungat, virum in litteris egregiè verſatum, qui & zelo bono,

*Præfectus ſtudior. general.* p.4 c.17. §.2.

A 3 &

*Ratio studiorum*: Rom 1616

bedeutende Veränderung: Die Jesuiten beschäftigten sich nun nicht mehr nur mit den traditionellen Fächern Philosophie und Theologie, sondern wurden auch mit anderen Wissenschaften konfrontiert. Sie widmeten sich bald den Naturwissenschaften und unterrichteten unter anderem Mathematik, Astronomie und Physik. Sie publizierten auf diesen Gebieten und richteten Observatorien und Laboratorien ein. Die großen Gebäudekomplexe der Schulen führten zum Umgang mit Architektur und Architekten.

Die Jesuitenschulen gewannen bald eine hohe gesellschaftliche Bedeutung, die zu wichtigen Kontakten mit der bürgerlichen Welt führten. Dieser anfänglich zurückhaltende Umgang mit der weltlichen Kultur wurde bald zu einem Merkmal des Jesuitenordens. Die religiöse Sendung blieb zwar grundlegend, doch als spezielle Form des Engagements im Lehrbereich sahen sich die Jesuiten nun auch mit einer kulturellen Sendung betraut.

Zusammenfassend gilt für die Pädagogik der Jesuiten – und zwar auch heute:

1. Eine positive Sicht der Welt – Jesuitische Pädagogik ist darauf ausgerichtet, die Wirklichkeit zu erkennen und kritisch zu beurteilen.
2. Überzeugung vom Sinn des Lebens – Jesuitische Pädagogik ist motiviert von der Suche nach der Wahrheit. Sie sieht den ganzen Menschen mit allen seinen Kapazitäten, seiner Kreativität, Phantasie und Fähigkeit zur Kommunikation. Darum baut diese Pädagogik auf die persönliche Aktivität der Studierenden, auf das persönliche Interesse der Lehrenden und das daraus erwachsende Verhältnis beider.
3. Das Ideal ganzheitlich-menschlicher Entwicklung – Jesuitische Pädagogik will Qualität, nicht Mittelmäßigkeit: Tu besser, was du jetzt gut tust!

## Kaspar Schott als Jesuit

KASPAR SCHOTT, schon als Schüler von der Pädagogik der Jesuiten geprägt, hat die ganzen Grundsätze des jesuitischen Bildungsprogramms durch- und erlebt und in sich aufgenommen. Als Jesuit hat er dann wieder damit gearbeitet und die Erziehungsidee an seine Schüler weitergegeben, deren Charakteristika die Wertschätzung des Einzelnen, die Fähigkeit zur Reflexion, die Verpflichtung zur Gerechtigkeit und das Wachhalten der Frage nach Gott waren. Und in diesem Geist verfasste KASPAR SCHOTT auch seine Bücher.

## Literatur

Haub, Rita: Jesuitisch geprägter Schulalltag – Die Bayerische Schulordnung (1569) und die Ratio studiorum (1599). In: Rüdiger Funiok, Harald Schöndorf (Hgg.): Ignatius von Loyola und die Pädagogik der Jesuiten. Ein Modell für Schule und Persönlichkeitsbildung. Donauwörth 2000, S. 130—159.

## Anmerkungen

[1] Zur Geschichte der Universität Würzburg vgl.: Peter Baumgart: Bildungswesen und Geistesleben (ca. 1525–1814). In: Ulrich Wagner (Hg.), Geschichte der Stadt Würzburg II: Vom Bauernkrieg bis zum Übergang an das Königreich 1814. Stuttgart 2001, S. 351–381.

[2] Zu Jesuiten und Würzburg vgl.: Bernhard Duhr: Geschichte der Jesuiten in den Ländern deutscher Zunge im XVI. Jahrhundert. Freiburg i. Br. 1907, S. 120–127.

[3] Zur Gesellschaft Jesu vgl.: Peter C. Hartmann: Die Jesuiten (= Wissen in der Beck'schen Reihe 2171). München 2001. – Rita Haub: Die Geschichte der Jesuiten. Darmstadt 2007. – Jonathan Wright: Die Jesuiten. Mythos – Macht – Mission. Essen 2005.

[4] Zu Ignatius von Loyola vgl.: Rita Haub: Ignatius von Loyola – Gott in allen Dingen finden. (= Eine „Topos plus Biografie" 567). Kevelaer 2006. – Peter Knauer (Hg.): Ignatius von Loyola – Briefe und Unterweisungen. (= Ignatius von Loyola – Deutsche Werkausgabe I). Würzburg 1993. – Peter Knauer (Hg.): Ignatius von Loyola. Gründungstexte der Gesellschaft Jesu. (= Ignatius von Loyola. Deutsche Werkausgabe II). Würzburg 1998.

[5] Zur Pädagogik der Jesuiten vgl.: Rüdiger Funiok / Harald Schöndorf (Hgg.): Ignatius von Loyola und die Pädagogik der Jesuiten. Ein Modell für Schule und Persönlichkeitsbildung. Donauwörth 2000.

# Schotts Lehrer Athanasius Kircher

*Hans-Joachim Vollrath*

## Lehrer

KASPAR SCHOTT betrachtete Zeit seines Lebens ATHANASIUS KIRCHER als seinen Lehrer. Bei ihm hatte er sein Studium in Würzburg begonnen, doch schon nach zwei Jahren hatten sie Würzburg vor den anrückenden schwedischen Truppen verlassen müssen.

ATHANASIUS KIRCHER (1602–1680), nach einem Druck aus dem 19. Jahrh.

Die Wege der beiden trennten sich für viele Jahre. Doch als SCHOTT 1652 nach Rom berufen wurde, um KIRCHER behilflich zu sein, hatten sie lebhaften Gedankenaustausch miteinander, forschten und experimentierten gemeinsam. SCHOTT las Korrektur in KIRCHERS Manuskripten und nahm sich vor, KIRCHER bei der Veröffentlichung seines angehäuften Wissens zu helfen. Das wurde dann auch seine vorrangige Aufgabe, als er 1655 nach Würzburg berufen wurde. KIRCHER hatte SCHOTTS Denken geprägt und wusste bei ihm seine Ideen in guten Händen.
KASPAR SCHOTT erwies seinem Lehrer und Freund stets seine Hochachtung. Ihm widmete er auch den Anhang seines ersten Buches, der *Mechanica hydraulico-pneumatica* (1657), mit den Worten:

„Dem hoch zu verehrenden P. Athanasius Kircher, seinem Lehrer in den Mathematischen Wissenschaften, dem er ergebenste Ehrfurcht schuldet."[1]

KIRCHER seinerseits zeichnete SCHOTT aus, indem er Empfehlungsschreiben für dessen Bücher verfasste.[2]
Eine Vorstellung von dem, was SCHOTT bei KIRCHER in Würzburg lernte, gibt eine Vorlesungsmitschrift aus dem Jahre 1630, die von KIRCHERS Schüler ANDREAS WEICK angefertigt wurde. Die Handschrift trägt den Titel *Institutiones mathematicae*.[3] KIRCHER behandelt dort nacheinander: *Arithmetica vulgaris, Computus ecclesiasticus* (Kirchliche Zeitrechnung), *Geometria, Geometria practica, Geographia, Astronomia, Horologiographia* (Lehre von den Sonnenuhren) und *Musica*. Das alles waren damals Mathematische Wissenschaften, von denen sich die meisten später in SCHOTTS Werken wieder finden.

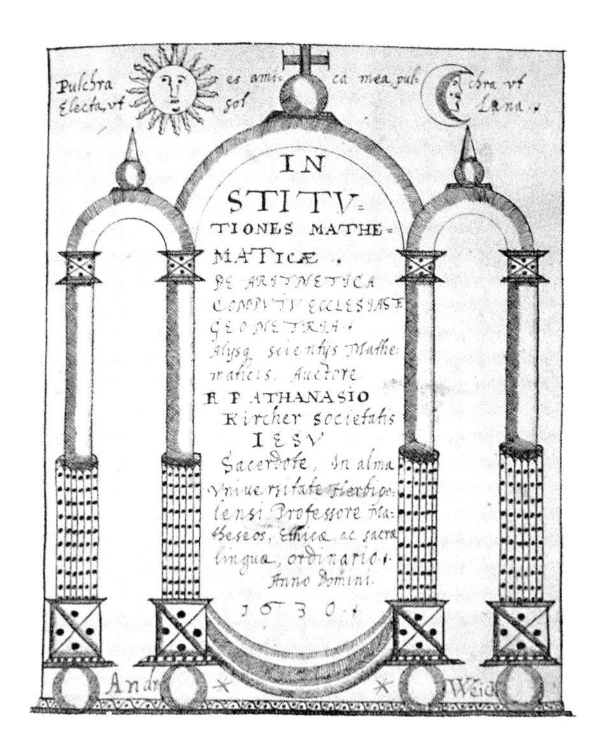


ATHANASIUS KIRCHER: *Institutiones mathematicae* 1630; Vorlesungsmitschrift von ANDREAS WEICK, Badische Landesbibliothek Karlsruhe, St. Blasien 67, fol. 1r.

### Universalgelehrter

KIRCHER lehrte, schrieb zahlreiche Bücher, führte einen lebhaften Briefwechsel, sammelte und erklärte Besuchern seine Sammlung in seinem Museum in Rom.
Er weckte das Interesse für die Wissenschaften, trug Wesentliches zu ihrer weltweiten Verbreitung bei und regte Forschungen an. In seinen Büchern befasste er sich mit den Wissenschaften seiner Zeit: Theologie, orientalische Sprachen, Ägyptologie, Sinologie, Mathematik, Physik, Geographie, Geologie, Astronomie, Musik, Medizin, Linguistik, Kryptologie und Wissenschaftstheorie. Er war einer der letzten großen Universalgelehrten.

Museum Kircherianum in Rom, GIORGIO DI SEPI 1678[4]

### Überzeugungen

Die Wissenschaften hängen nach KIRCHERS Auffassung alle miteinander zusammen. Auf dem Frontispiz des *Magneticum naturae regnum* (1667) schreibt er:

„Die Welt ist durch geheime Knoten verbunden."[5]

Die Ursache sieht er darin, dass allem eine von Gott gefügte Ordnung zu Grunde liegt, die sich in der *Mathematik* findet. Er bezieht sich dabei auf ein damals häufig zitiertes Wort der Bibel, in dem es heißt:

„Aber du hast alles geordnet mit Maß, Zahl und Gewicht." *Weisheit Salomos 11, 21*

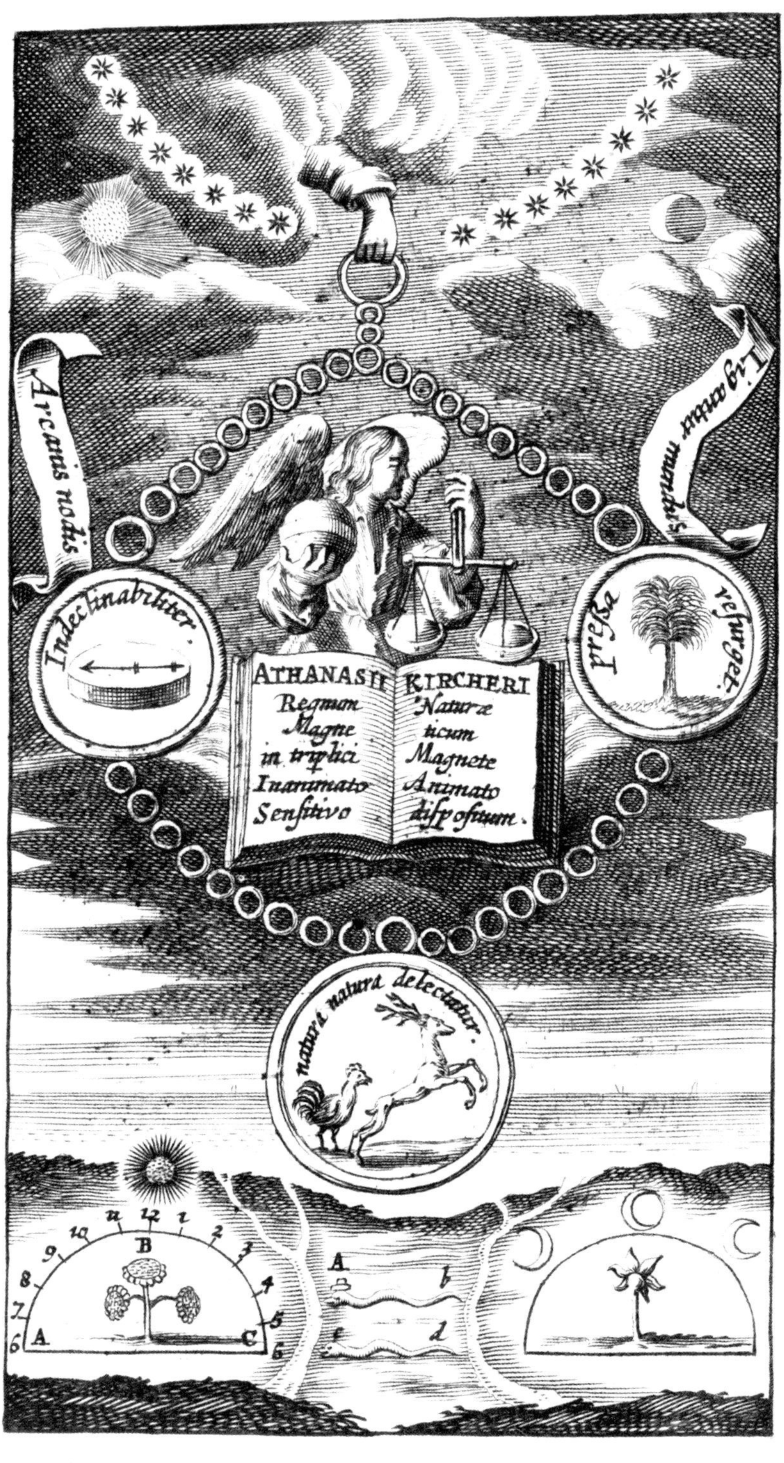


ATHANASIUS KIRCHER: *Magneticum naturae regnum*, Frontispiz

Mathematik wird damit zum Schlüssel der Erkenntnis. Diese Überzeugungen prägen auch seinen Schüler KASPAR SCHOTT.

## Kirchers Lebensweg

ATHANASIUS KIRCHER war 1602 in Geisa in der Rhön geboren worden und hatte eine gediegene Schulbildung daheim und am Fuldaer Jesuitengymnasium erhalten. Seine Studienzeit in Paderborn, Köln, Koblenz und Mainz war von den Wirren des Dreißigjährigen Krieges überschattet, doch konnte er 1623 seine vielseitigen Studien erfolgreich abschließen. Er lehrte dann ein Jahr am Jesuitengymnasium in Heiligenstadt, bis er in den Dienst des Mainzer Kurfürsten nach Aschaffenburg berufen wurde, um Vermessungsarbeiten an der Bergstraße und im Spessart durchzuführen. Nach dem Tod des Kurfürsten 1625 studierte er in Mainz Theologie und wurde 1628 zum Priester geweiht. Nach einem Probejahr als Jesuit in Speyer wurde er als Professor für Moralphilosophie, Mathematik und orientalische Sprachen an die Universität Würzburg berufen. Dort entstand auch sein erstes Werk, seine *Ars magnesia*, die 1631 in Würzburg erschien.[6] Seine Flucht vor den schwedischen Truppen 1631 führte ihn über Avignon schließlich nach Rom. Am Collegium Romanum entfaltete er eine ungeheuer fruchtbare, vielseitige Tätigkeit. Er unternahm verschiedene gefahrvolle Reisen, die ihm beeindruckende Naturerlebnisse bescherten und die er auch wohlbehalten überstand. Hoch geehrt und weltberühmt – wenn auch nicht unumstritten – starb er 1680 in Rom.[7]

## Kirchers Bedeutung

KIRCHER versuchte, mit seinem Werk eine Brücke vom Altertum in die Neuzeit zu schlagen. Er kannte die großen Fragen, die die Menschen über die Jahrhunderte hinweg bewegten, und wusste, welche Antworten gegeben wurden. Und doch blieb ihm das moderne mathematisch-naturwissenschaftliche Denken, das sich mit GALILEO GALILEI (1564–1642), RENÉ DESCARTES (1596–1650), GOTTFRIED WILHELM LEIBNIZ (1646–1716) und ISAAC NEWTON (1643–1727) anbahnte, weitgehend verschlossen. Er sah das Ganze und verlor sich häufig doch im Detail. Aus der Sicht der Geschichte der Naturwissenschaften gehörte er zu den „Verlierern". Neuere historische Forschungen machen jedoch deutlich, dass grundlegende Fragen zur Zeit KIRCHERS keineswegs entschieden waren, und dass er noch Phänomene und Argumente kannte, die dann bald im Sog des Fortschritts der Naturwissenschaften in Vergessenheit gerieten.[8] Das gilt auch für seinen Schüler KASPAR SCHOTT.

## Literatur

Horst Beinlich, Christoph Daxelmüller, Hans-Joachim Vollrath, Klaus Wittstadt (Hgg.): Magie des Wissens, Athanasius Kircher 1602–1680. Dettelbach 2002.

## Anmerkungen

[1] Kaspar Schott: Mechanica hydraulico-pneumatica. Würzburg 1657. Widmung: Gegeben zu Würzburg, den 2. Mai 1657.
[2] Zum Beispiel in Kaspar Schott: Pantometrum Kircherianum. Würzburg 1659, wendet sich ATHANASIUS KIRCHER im Vorwort in einem Schreiben vom 25. März 1656 aus Rom an den „geneigten Leser" und verweist auf die Erfahrungen, die SCHOTT bei ihm in Rom mit dem Vermessungsinstrument gesammelt hat.
[3] Athanasius Kircher: Institutiones mathematicae, 1630; Vorlesungsmitschrift von Andreas Weick, Badische Landesbibliothek Karlsruhe, St. Blasien 67, fol. 1r.
[4] Georgius de Sepibus: Romani collegii Societatus! Jesu musaeum celeberrimum, Amsterdam 1678.
[5] Auf dem Frontispiz von Athanasius Kircher: Magneticum naturae regnum, Amsterdam 1667 findet sich der Spruch: „*Arcanis nodis ligantur mundus*."
[6] Athanasius Kircher: Ars magnesia. Würzburg 1631.
[7] Klaus Wittstadt: Der Jesuit Athanasius Kircher – Leben und Person. In: Horst Beinlich, Christoph Daxelmüller, Hans-Joachim Vollrath, Klaus Wittstadt (Hgg.): Magie des Wissens, Athanasius Kircher 1602–1680, Dettelbach 2002, S. 15–22.
[8] Harald Siebert: Die große kosmologische Kontroverse. Stuttgart 2006.

# Schotts Briefwechsel

*Harald Siebert*

Nur sehr wenige Briefe SCHOTTS sind im Original erhalten. Hierunter zählen diejenigen an seinen Freund und Würzburger Lehrer ATHANASIUS KIRCHER. Dessen ausgiebige Korrespondenz umfasst 2291 Briefe, die von insgesamt 763 Absendern aus der ganzen Welt stammen. An KIRCHER schrieben die Mächtigen, Berühmten und viel beachteten Köpfe seiner Zeit. Dies dürfte maßgeblich dazu beigetragen haben, dass KIRCHERS Briefwechsel in großen Teilen erhalten blieb. Die im Archiv der Gregorianischen Universität in Rom befindliche Korrespondenz wurde vollständig eingescannt und ins Internet gestellt.[1] Somit lassen sich auch dreißig darin erhaltene Briefe SCHOTTS online ansehen, die dieser seinem Landsmann auf Lateinisch oder Italienisch schrieb.

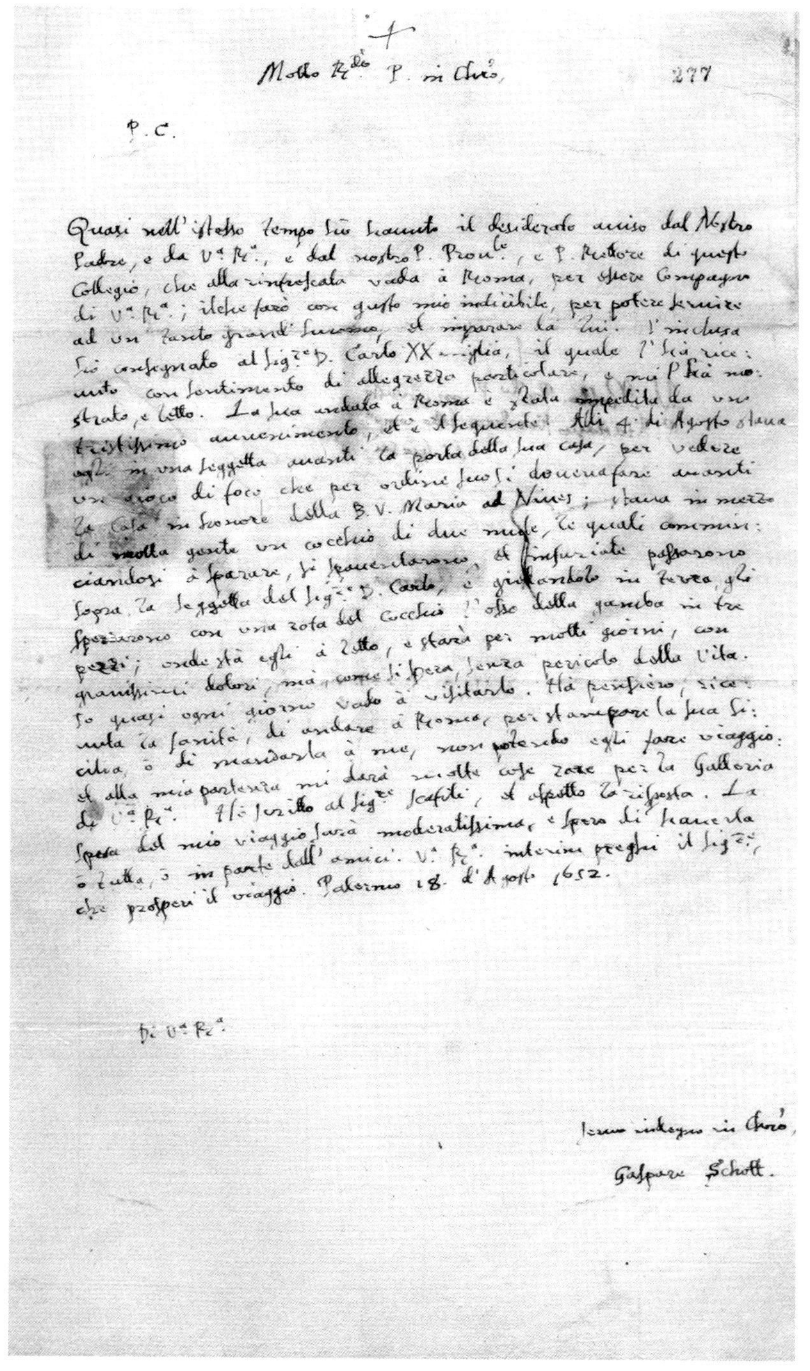

Molto R.do P. in Chr.o, 277

P.C.

Quasi nell'istesso tempo hò hauuto il desiderato auiso dal Nostro
Padre, e da V.a R.a, e dal nostro P. Prou.le, e P. Rettore di questo
Collegio, che alla rinfrescata vada à Roma, per essere Compagno
di V.a R.a; il che farò con gusto mio indicibile, per potere seruire
ad un tanto grand' huomo, et imparare da lui. L'inclusa
hò consegnato al Sig.re D. Carlo XX[illegible], il quale l'hà rice:
uuto con sentimento di allegrezza particolare, e mi l'hà mo:
strato, e letto. La sua andata à Roma è stata impedita da un
tristissimo auuenimento, et è il seguente. Alli 4. di Agosto staua
egli in una seggetta auanti la porta della sua casa, per vedere
un gioco di foco che per ordine suo si doueua fare auanti
la casa in honore della B.V. Maria ad Niues; staua in mezzo
di molta gente un cocchio di due muli, li quali commin:
ciandosi à sparare, si spauentarono, et infuriati passarono
sopra la seggetta del Sig.re D. Carlo, e gittandolo in terra, gli
spezzarono con una rota del cocchio l'osso della gamba in tre
pezzi; onde stà egli à letto, e starà per molti giorni, con
grandissimi dolori, mà, come si spera, senza pericolo della vita.
Io quasi ogni giorno vado à visitarlo. Hà pensiero, sicu:
rata la sanità, di andare à Roma, per stampare la sua Si:
cilia, ò di mandarla à me, non potendo egli fare viaggio:
et alla mia partenza mi darà molte cose rare per la Galleria
di V.a R.a. Hò scritto al Sig.re Scafiti, et aspetto la risposta. La
spesa del mio viaggio sarà moderatissima, e spero di hauerla
ò tutta, ò in parte dall'amici. V.a R.a interim preghi il Sig.re,
che prosperi il viaggio. Palermo 18. d'Agosto 1652.

Di V.a R.a

Seruo indegno in Chr.o,

Gaspare Schott.

Kurz bevor er zu ATHANASIUS KIRCHER nach Rom aufbrach und Sizilien endgültig verließ, schrieb ihm SCHOTT vielleicht ein letztes Mal am 18. August 1652 aus Palermo. In diesem Brief ist von SCHOTTS Reisevorbereitungen die Rede (Pontificia Università Gregoriana APUG 561, f. 277r).

Neben den wenigen erhaltenen Originalschreiben findet sich eine Vielzahl Briefe von und an SCHOTT, die in dessen Werken sowie in den Büchern seiner Briefpartner abgedruckt sind. Diese Briefe haben keinen privaten Charakter, sondern sind Teil der gelehrten Korrespondenz, die SCHOTT spätestens seit seiner Zeit auf Sizilien pflegte. Zu seinem dortigen Bekanntenkreis gehörte der sizilianische Naturwissenschaftler GIOVANNI BATTISTA HODIERNA (1597–1660), den er in Palermo kennen gelernt haben dürfte. Er war in Palma di Montechiaro (Sizilien) der Hofwissenschaftler des Fürstengeschlechts VON LAMPEDUSA (die Vorfahren des Literaturnobelpreisträgers G. TOMASI DI LAMPEDUSA). HODIERNAS Leistungen sind vielfältig. Auf dem Gebiet der Astronomie zählen hierzu die früheste Abbildung des Orion-Nebels sowie das erste Verzeichnis von Doppelsternen.

GIOVANNI BATTISTA HODIERNA (1597–1660)

OTTO VON GUERICKE (1602–1686)

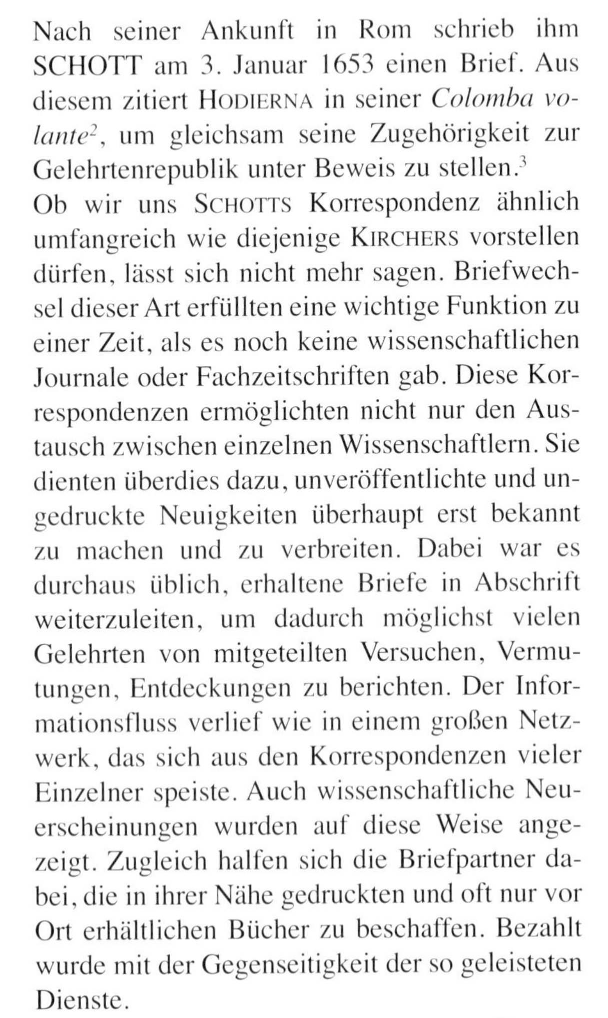

Nach seiner Ankunft in Rom schrieb ihm SCHOTT am 3. Januar 1653 einen Brief. Aus diesem zitiert HODIERNA in seiner *Colomba volante*[2], um gleichsam seine Zugehörigkeit zur Gelehrtenrepublik unter Beweis zu stellen.[3]

Ob wir uns SCHOTTS Korrespondenz ähnlich umfangreich wie diejenige KIRCHERS vorstellen dürfen, lässt sich nicht mehr sagen. Briefwechsel dieser Art erfüllten eine wichtige Funktion zu einer Zeit, als es noch keine wissenschaftlichen Journale oder Fachzeitschriften gab. Diese Korrespondenzen ermöglichten nicht nur den Austausch zwischen einzelnen Wissenschaftlern. Sie dienten überdies dazu, unveröffentlichte und ungedruckte Neuigkeiten überhaupt erst bekannt zu machen und zu verbreiten. Dabei war es durchaus üblich, erhaltene Briefe in Abschrift weiterzuleiten, um dadurch möglichst vielen Gelehrten von mitgeteilten Versuchen, Vermutungen, Entdeckungen zu berichten. Der Informationsfluss verlief wie in einem großen Netzwerk, das sich aus den Korrespondenzen vieler Einzelner speiste. Auch wissenschaftliche Neuerscheinungen wurden auf diese Weise angezeigt. Zugleich halfen sich die Briefpartner dabei, die in ihrer Nähe gedruckten und oft nur vor Ort erhältlichen Bücher zu beschaffen. Bezahlt wurde mit der Gegenseitigkeit der so geleisteten Dienste.

Von besonderer Bedeutung ist SCHOTTS Korrespondenz in Zusammenhang mit den Vakuum-

OTTO VON GUERICKE (1602–1686)trag im vorliegenden Band)[4]. SCHOTT veröffentlichte GUERICKES Experimente in seiner *Mechanica hydraulico-pneumatica* (1657). Hierfür hatte er zuvor seine Ordensbrüder ATHANASIUS KIRCHER (1602–1680) und NICCOLÒ ZUCCHI (1586–1670) um ihre Einschätzung zu diesen neuen empirischen Befunden gebeten. SCHOTT hatte vorab auch GUERICKE mit Fragen konfrontiert. Dessen Antwortschreiben druckte er zusammen mit der brieflichen Stellungnahme KIRCHERS und ZUCCHIS im Anhang der *Mechanica* ab.

Hieran knüpfte sich ein reger Gedankenaustausch zwischen GUERICKE und SCHOTT[5]. Zwölf dieser Briefe veröffentlichte SCHOTT in seiner *Technica curiosa* (1664). In diesen Schreiben erklärt und verteidigt GUERICKE seine Versuche. Die kritischen Fragen und Einwände waren ihm größtenteils von SCHOTT übermittelt worden.

Durch die Veröffentlichung des „Neuen Magdeburger Versuchs" im Anhang zu seiner *Mechanica* hatte SCHOTT nicht nur diese neuartigen Experimente und ihren Urheber in der gelehrten Welt berühmt gemacht, sondern er selbst wurde dadurch europaweit bekannt. In der Folge erhielt er Briefe aus England, die er im zweiten Buch der *Technica curiosa* abdruckte. Sie stammen aus dem Umfeld von ROBERT BOYLE (1627–1691), dem Mitbegründer der *Royal Society* in London.

ROBERT BOYLE (1627–1691)

CHRISTIAAN HUYGENS (1629–1695)

BOYLE war durch SCHOTTS *Mechanica* zu seinen eigenen Vakuum-Versuchen angeregt worden und hatte dem Jesuiten auch selbst geschrieben.[6]
In diesem Zusammenhang kam es gleichfalls zu einem kurzen Briefwechsel mit CHRISTIAAN HUYGENS (1629–1695). Dieser entwarf eine Wellentheorie des Lichts, formulierte das Gesetz der Zentrifugalkraft, entdeckte die Ringstruktur des Saturn sowie erstmals einen von dessen Monden.
Von ihm erhielt SCHOTT am 26. Dezember 1661 aus Den Haag ein Exemplar der im gleichen Jahre ebendort gedruckten lateinischen Übersetzung von BOYLES eigener Schrift über das Vakuum.[7] Darin stellt BOYLE seine von GUERICKE inspirierten Experimente vor, insbesondere seine weiterentwickelte Form der Luftpumpe. Da GUERICKE selbst seine Vakuumversuche erst 1672 in einem eigenen Werk veröffentlichte, erlangte BOYLE die größere Autorität auf diesem Forschungsgebiet.[8]
Im ersten Buch der *Technica curiosa* finden sich die Briefe GUERICKES, die wohl ursprünglich auf Deutsch geschrieben von SCHOTT ins Lateinische übersetzt worden sind. Sie erlauben einen Einblick in GUERICKES Experimentierpraxis. Überdies lässt sich daraus die zeitliche Abfolge einzelner Versuche entnehmen.[9] Demnach müsste GUERICKE sein berühmtes Experiment mit den Magdeburger Halbkugeln im Sommer 1661 durchgeführt haben[10].

Die 1657 erschienene *Mechanica* dürfte eine zunehmende Korrespondenztätigkeit nach sich gezogen haben. Diese Briefkontakte konnte SCHOTT für seine späteren Publikationen zur Informationsbeschaffung nutzen. So ließ sich SCHOTT offenbar gezielt über neuartige, besonders interessante oder merkwürdige Maschinen unterrichten. Gleichsam als Korrespondenten im heutigen Sinn des Wortes meldeten, beschrieben und skizzierten seine Briefpartner die dortigen Erfindungen. Dieses Material veröffentlichte SCHOTT in der *Technica curiosa* sowie im dritten Band seiner *Magia universalis* (1658), wobei er die Maschinen jeweils in Konstruktion und Funktionsweise bespricht. Die darin vorgestellten Anlagen, technischen Geräte oder mechanischen Spielereien haben größtenteils nur in SCHOTTS Werken überlebt. Ansonsten sind sie heute verloren, selbst wenn es sich um riesige Anlagen handelte wie im Falle der Freien Reichsstadt Augsburg. Deren ausgeklügeltes Bewässerungssystem, das sich auf Installationen in mehreren Türmen der Stadt stützte, ließ SCHOTT sich eigens von einem dortigen Fachmann erklären.[11] Neben Augsburg sind es Städte wie Nürnberg, Wien, Prag, Basel und Lemberg, aus denen SCHOTT mit Hilfe seiner Korrespondenz Maschinen-Berichte zusammentragen konnte.
Ein Großereignis für die Wissenschaftler jener Zeit war die Erscheinung zweier Kometen in

den Jahren 1664 und 1665. Diesem Phänomen galt europaweit größte Aufmerksamkeit. Sie fand auch in der Schottschen Korrespondenz ihren Niederschlag. Doch wären diese Briefe heute wohl verloren, wenn Schott nicht so großzügig einer Bitte entsprochen hätte, die ihm aus Hamburg von Stanislaw Lubieniecki (1623–1675) zugegangen war. Der aus Polen stammende Historiker und Astronom unitarischen Glaubens hatte sich 1661 in Hamburg niedergelassen.[12]

Stanislaw Lubieniecki (1623–1675).

Lubieniecki wollte für ein geplantes Werk über die beiden Kometen möglichst viele Augenzeugenberichte einholen. In dem von Lubieniecki veröffentlichten Antwortschreiben vom 20. Juni 1665 bietet Schott ihm bereitwillig seine Hilfe an.

Er erlaubt Lubieniecki sogar, aus seinen Büchern zu übernehmen, was ihm brauchbar für sein Werk erscheine. Auch besitze er zahlreiche deutsche Schriften über diese Kometenerscheinung. Was Schott über diesen Kometen zusammengetragen und zu persönlichem Gebrauch aufgehoben habe, ließ er ihm zugehen. Lubieniecki solle es zu gegebener Zeit zurückschicken, dürfe damit aber nach Belieben verfahren, wenn es nur zu einer Veröffentlichung komme. Denn dies ist die einzige Bitte, die Schott mit seiner großzügigen Unterstützung verbindet. Lubieniecki solle möglichst bald mit seinem Werk die Gelehrtenrepublik bereichern, so dass auch er selbst noch in den Genuss desselben kommen könne.

Dieser Wunsch blieb leider unerfüllt. Lubienieckis *Theatrum cometicum* wurde in Amsterdam erst 1668 gedruckt, zwei Jahre nach dem Tode Schotts.

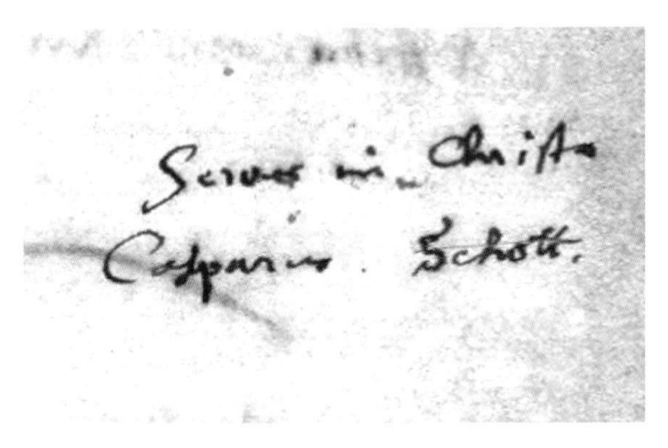


„Diener Christi. Casparus Schott." – Schott lässt Kircher am 21. August 1664 wissen, dass er kein großes Verlangen mehr verspüre, nach Rom zurückzukehren, da er zum Schreiben und Drucken seiner Bücher in Würzburg bessere Bedingungen habe als in Rom (Pontificia Università Gregoriana APUG 562, f. 110r).

Lubienieckis in zwei Foliobänden erschienenes Werk über die beiden Kometen von 1664 und 1665 beinhaltet eine Reihe von Augenzeugenberichten. Darunter bilden die von Schott gesammelten einen längeren Abschnitt.[13] Er umfasst 36 Briefe von und an Schott, die ihm aus 22 Städten zugegangen waren, darunter aus München, Ingolstadt, Stuttgart, Hamburg, Leipzig, Köln, Straßburg, Graz, Salzburg, Prag, Luzern, Lüttich, Brixen, Mailand, Rom, Breslau, Paris. Hieran wird die geographische Ausdehnung des von Schott betriebenen Briefwechsels deutlich. Auch muss er seine Briefkontakte sehr gepflegt haben. Schließlich gingen ihm jene Beobachtungsberichte in sehr kurzer Zeit zu. Unmittelbar nach Erscheinen der Kometen konnte er sich ein Bild von deren Aussehen und Verlauf über weite Teile Europas hinweg machen. Dem *Theatrum cometicum* sowie Schotts eigener Großzügigkeit ist es zu verdanken, dass dieser Ausschnitt aus der Schottschen Korrespondenz, der ihre Lebendigkeit vor Augen führt, erhalten blieb.

## Literatur

Boyle, Robert: New Experiments Physico-Mechanical, touching the Spring of the Air, and its Effects, made, for the most part, in a New Pneumatical engine. Oxford: H. Hall, for Tho. Robinson, 1660.

Boyle, Robert: Nova experimenta physico-mechanica de vi aeris elastica et eiusdem effectibus. [übers. v. Robert Sharrock], Den Haag: Adriaen Vlacq, 1661.

Guericke, Otto von: Neue (sogenannte) Magdeburger Versuche über den leeren Raum. Nebst Briefen, Urkunden und anderen Zeugnissen seiner Lebens- und Schaffensgeschichte, übers. u. hg. v. Hans Schimank/ Hans Gossen/Gregor Maurach/Fritz Krafft, Düsseldorf: VDI, 1968.

Hunter, Michael (Hg.): The Correspondence of Robert Boyle. 6 Bde. London: Pickering & Chatto, 2001.

Huygens, Christiaan: Œuvres complètes de Christiaan Huygens, 22 Bde. hg. von der Société Hollandaise des sciences. Den Haag: M. Nijhoff, 1888–1950.

Lubieniecki, Stanislaw: Theatrum cometicum. 2 Bde. Amsterdam: Daniel Bakkamude (Drucker), Kuyper Frans (Verleger) 1668.

Schott, Kaspar: Mechnica hydraulico-pneumatica. Würzburg 1657.

Schott, Kaspar: Magia universalis naturae et artis III. Würzburg 1658.

Schott, Kaspar: Technica curiosa. Würzburg 1664.

Pavone, Mario/Torrini, Maurizio (Hgg.): G.B. Hodierna e il «secolo cristallino». Atti del convegno di Ragusa 22–24 ottobre 1997, Florenz: Leo S. Olschki, 2002.

## Anmerkungen

[1] Athanasius Kircher Correspondence Project: http://archimede.imss.fi.it/Kircher.

[2] Giovanni Battista Hodierna: Colomba volante. Palermo, 1653, S. 26-27.

[3] Corrado Dollo: Il pensiero di G.B. Hodierna nella storia della scienza e della cultura siciliana. In: Mario Pavone/ Maurizio Torrini (Hgg.): G.B. Hodierna e il «secolo cristallino». 1997, S. 7–63, hier 54–55.

[4] Briefwechsel zusammengestellt und übersetzt von Hans Schimank u.a. in: O. v. Guericke, Nova experimenta, 1968, S. 9–45 (Anhang).

[5] Fritz Krafft: Otto von Guericke. Darmstadt: Wissenschaftliche Buchgesellschaft, 1978.

[6] Michael Hunter (Hg.): The Correspondence of Robert Boyle, 6 Bde. London: Pickering & Chatto, 2001, Bd. 2, S. 55–56.

[7] Christiaan Huygens: Œuvres complètes de Christiaan Huygens, 22 Bde. hg. von der Société Hollandaise des sciences, Den Haag: M. Nijhoff, 1888–1950, Bd. 3, S. 432 f.

[8] Fritz Krafft: Otto von Guericke. Darmstadt: Wissenschaftliche Buchgesellschaft, 1978, S. 145–148.

[9] Hans Schimank u.a. in: O. v. Guericke, Nova experimenta, 1968, S. 14 (Anhang).

[10] Zu diesem Experiment siehe Kaspar Schott: Technica curiosa, Würzburg 1664, S. 47–48 und Abb. ebd., S. 39 sowie im vorliegenden Band.

[11] Kaspar Schott: Magia universalis naturae et artis, III, Würzburg 1658, S. 542–548

[12] Kay Eduard Jordt-Jørgensen: Stanisław Lubieniecki. Göttingen: Vandenhoeck & Ruprecht, 1968.

[13] Stanisław Lubieniecki: Theatrum cometicum Bd. 1, Amsterdam 1668, Bd. 1, S. 761–796.

*Sehr zu verehrender, teurer usw. Herr und Freund!*

*Auf ihren Brief, gegeben zu Würzburg am 4./14. Juni und erhalten am 14./24. desselben Monats, antworte ich wie folgt: Meine Erfindung zielt hauptsächlich darauf ab, zu zeigen, dass Luft nichts anderes ist als Rauch oder Duft bzw. Ausdünstung der Erde, welche diese mit einem bestimmten, feststehenden Gewicht umgibt und jeden Raum durchdringt, der nicht von einem anderen Körper eingenommen wird. Sie wird mit der Erde zusammen sowohl durch die tägliche wie alljährliche Bewegung bewegt und bildet mit ihr gleichsam einen einzigen Körper.*
*Um das zu beweisen, habe ich verschiedene Experimente ausgeführt; doch keins von allen ist besser geeignet, verstanden zu werden, als jenes, das Euer Ehren im Beisein des Durchlauchtigsten Kurfürsten von Mainz gesehen hat; es ging selbstverständlich um die Luftpumpe, die 2 Ventile hat, von denen eines die Luft nach innen leitet, während sie durch das andere hinausgeleitet wird. Doch funktioniert das alles jetzt weit besser, als ich es damals eingerichtet und angeordnet hatte. Nutzen und Zweck des genannten Experimentes ist, auf die kürzeste Formel gebracht, folgender:*
*I. Man kann messen, wie groß das Gewicht der uns umgebenden Luft ist und wie viel Wasser sie in einer luftleeren Röhre in die Höhe treibt.*
*II. Wenn auf ein kugelförmiges, luftleeres Glas ein anderes, nicht kugelförmiges gestellt wird, dann wird die Luft aus diesem ganz heftig in jenes hineingezogen; und das nichtrunde Glas wird dann gleichsam in sich zusammengedrückt und mit lautem Knall in 1000 Stücke zerbrochen.*
*III. Wir können die in dem Glas eingeschlossene Luft wägen. Denn je leichter das Glas nach Entzug der Luft ist, so viel wog zuvor die darin enthaltene Luft. Beispielsweise ist ein Rezipient, den die Apotheker bei der Wasserdestillation verwenden, nach Entzug der Luft etwa 3–4 Lot oder Halbunzen leichter, wie Euer Ehrwürden beim Durchlauchtigsten Kurfürsten von Mainz sehen werden.*
*IV. Den wahren und eigentlichen Grund für Wind und Wolken erfassen wir aus eben diesem Experiment, wenn Wind in geschlossenen Gläsern bewegt wird und ihm Wolken folgen. Das alles und noch anderes mehr habe ich seit der Zeit, wo ich bei dem Durchlauchtigsten Kurfürsten war, besser und zuverlässiger begriffen.*
*Im übrigen haben verschiedene Liebhaber merkwürdiger Erscheinungen mit mir über das genannte Experiment Briefe gewechselt und mir verschiedene Antworten abgerungen; ich bin jedoch der Meinung, dass dieses und insbesondere das, was ich einem gewissen vortrefflichen Philosophen vorher in dieser Form nicht bekannt gemacht habe, nicht nachteilig sein wird für das, was Euer Ehrwürden zum Druck bringen werden; deswegen werde ich mich nicht verweigern, hier nur Weniges beizufügen und in dem Bemühen, mich Euer Ehrwürden gefällig zu erweisen, zu übermitteln.*
*Wenn das, was Euer Ehrwürden über das genannte Experiment zu veröffentlichen gedenkt, mir vorher zu lesen gegeben werden könnte, wäre das vielleicht nicht unnütz. Uns beide hiermit der göttlichen Obhut empfehlend, verbleibe ich*

*Ihr*
*Otto Gerike.*

*Magdeburg am 18. Juni 1656.*

Rückübersetzung eines Briefes von Otto von Guericke an Kaspar Schott, in lateinischer Sprache abgedruckt in: *Technica curiosa*, S. 24-25. Überarbeitung einer Übersetzung von Roland Gründel, Siegfried Kattanek und Dietmar Schneider.

# Schotts Werke

*Hans-Joachim Vollrath*

## Schriftsteller in Würzburg

KASPAR SCHOTT kehrte 1655 als Professor der Mathematik nach Würzburg zurück und blieb dort bis zu seinem Lebensende. Die 11 Jahre seines Wirkens sind durch eine reiche schriftstellerische Tätigkeit gekennzeichnet: Er verfasste 12 umfangreiche Werke. Als sein erstes Buch erscheint, ist er fast 50 Jahre alt, und zwei Jahre nach seinem Tod kommt sein letztes heraus. Etliche seiner Bücher erleben mehrere Auflagen und machen ihn auch international bekannt. Dass seine Werke auch heute noch als historische Quellen geschätzt sind, zeigen Faksimileausgaben einiger seiner Bücher in unserer Zeit sowie im Internet verfügbare Werke von ihm. Seine Werke sind in lateinischer Sprache verfasst; nur von wenigen Büchern gibt es deutsche Übersetzungen. Sein Latein gilt als schwierig, und es ist häufig mit griechischen Worten durchsetzt; gelegentlich fügt er auch deutsche Fachwörter und Namen ein.[1]

Einige Bände von SCHOTTS Werken

SCHOTT wendet sich an Studierende, um sie in die Mathematischen Wissenschaften einzuführen, und er will die Neugier von Vornehmen und Adeligen befriedigen, die sich für das Geheimnisvolle und das Fremdartige interessieren. So schafft er mit seinen Werken im Dienste seines Ordens Verbindungen zwischen der Welt der Bildung und Wissenschaft sowie der Welt des Adels und der Macht.[2]

## Systematische Darstellung von Wissen

In seinen großen Werken stellt SCHOTT eine Fülle von Phänomenen *systematisch* dar. In seinem Streben nach Systematik folgt er ARISTOTELES (384–322 v. Chr.) und orientiert sich in der Darstellung der Mathematischen Wissenschaften an den *Elementen* des EUKLID (um 300 v. Chr.). Eine solche *wissenschaftliche* (*scientificie*) Darstellung fand sich auch bei Zeitgenossen. Doch während diese Autoren sich meist nur auf die Beschreibung der Phänomene beschränkten, will er auch „ihren Grund und ihre Ursache“ (*ratio et causa*) angeben, wie er im Vorwort zu seiner *Magia universalis naturae et artis* (1657) verkündet. In dieser Hinsicht besonders ausgereift ist sein *Cursus mathematicus* (1661), in dem er eine Einführung in die Mathematischen Wissenschaften gibt.

## Erörternde Darstellung von Wissen

Bei dem Bemühen, den Dingen auf den Grund zu gehen, stützt sich SCHOTT auf Prinzipien, Beobachtungen und Deutungen durch Autoritäten, die durchaus kontrovers verlaufen können. Meist beginnt er – ganz im Stil des Barock – mit Phänomenen, die bereits im Altertum beschrieben und gedeutet wurden. So verweist er häufig auf die Schriften des ARISTOTELES und auf die Bibel, es folgt dann eine Auseinandersetzung mit unterschiedlichen Deutungen längs der historischen Entwicklung, bei der das Für und das Wider gegeneinander abgewogen werden. In den abgedruckten Briefen und Berichten macht er den Leser mit neueren Entwicklungen bekannt. Seine Bücher liefern damit wichtige Beiträge zur wissenschaftlichen *Berichterstattung*. Diese Elemente seiner Darstellung sind besonders ausgeprägt in der *Magia universalis naturae et artis* (1657–1659) und in der *Technica curiosa* (1664).

## Erzählende Darstellung von Wissen

Neben systematischen und erörternden Teilen findet sich in SCHOTTS Werken häufig „Wissenschaftsprosa“. Ausführlich berichtet er über merkwürdige Ereignisse und rätselhafte Vorgänge, nützliche Werkzeuge und wunderbare Maschinen, über frühere Zeiten und ferne Länder. Er stützt sich dabei auf literarische Quellen, aber auch auf Berichte aus seinem Briefwechsel und auf Erzählungen von Ordensbrüdern. Häufig erzählt er über eigene Erfahrungen, die er vor allem zusammen mit KIRCHER in Rom sammeln konnte. Immer geht es ihm darum, das Rätselhafte zu ergründen. Er referiert verschiedene Erklärungsversuche, setzt sich mit ihnen kritisch auseinander, äußert schließlich seine eigene Meinung, scheut sich aber auch nicht zuzugeben, wenn er im Grunde selbst keine befriedigende Antwort geben kann. Häufiger als sein Lehrer KIRCHER nimmt er dann allerdings Zuflucht zur Einwirkung von Engeln oder Dämonen. Besonders ausgeprägt ist das in der *Physica curiosa* (1662), die mit Physik in unserem Sinn nichts zu tun hat. Seine Ausführungen über Engel, Geister, Abnormes und Obskures bereiten heutigen Lesern einige Schwierigkeiten. Sie sind aber typisch für die Zeit des Barock. Und bei SCHOTT findet sich dazu auch durchaus Kritisches.

## Populäre Darstellung von Wissen

Im allgemeinen haben SCHOTTS Werke von den Themen und der Darstellung her einen wissenschaftlichen Charakter. Eine Ausnahme bildet jedoch seine *Ioco-seria naturae et artis* (1666). In diesem populären Werk führt er anhand von 300 Aufgaben mit Scherz und Ernst in die Naturwissenschaften ein, wobei er weitgehend zwar Anleitungen zum Lösen der Aufgaben gibt, jedoch auf Begründungen verzichtet.

## Anschauliche Präsentation von Wissen

Während die ersten Bücher nur wenige Abbildungen enthalten, nehmen später deren Anzahl und Qualität deutlich zu. Einige seiner Bilder sind sogar berühmt geworden. Die Darstellung des Versuchs von OTTO VON GUERICKE mit seinen Halbkugeln aus SCHOTTS *Technica curiosa* (1664) findet sich heute noch in Lehrbüchern.

In der *Technica curiosa* stehen SCHOTT offensichtlich finanzielle Mittel zur Illustration von Themen zur Verfügung, bei denen er früher auf Abbildungen hatte verzichten müssen. So beschreibt er in der *Magia universalis* zum Beispiel lediglich ein Unterseeboot, von dem er dann in der *Technica curiosa* eine interessante Abbildung bringt.

Schauversuch mit den „Magdeburger Halbkugeln“: *Technica curiosa*, zu S. 39 (Iconismus III)

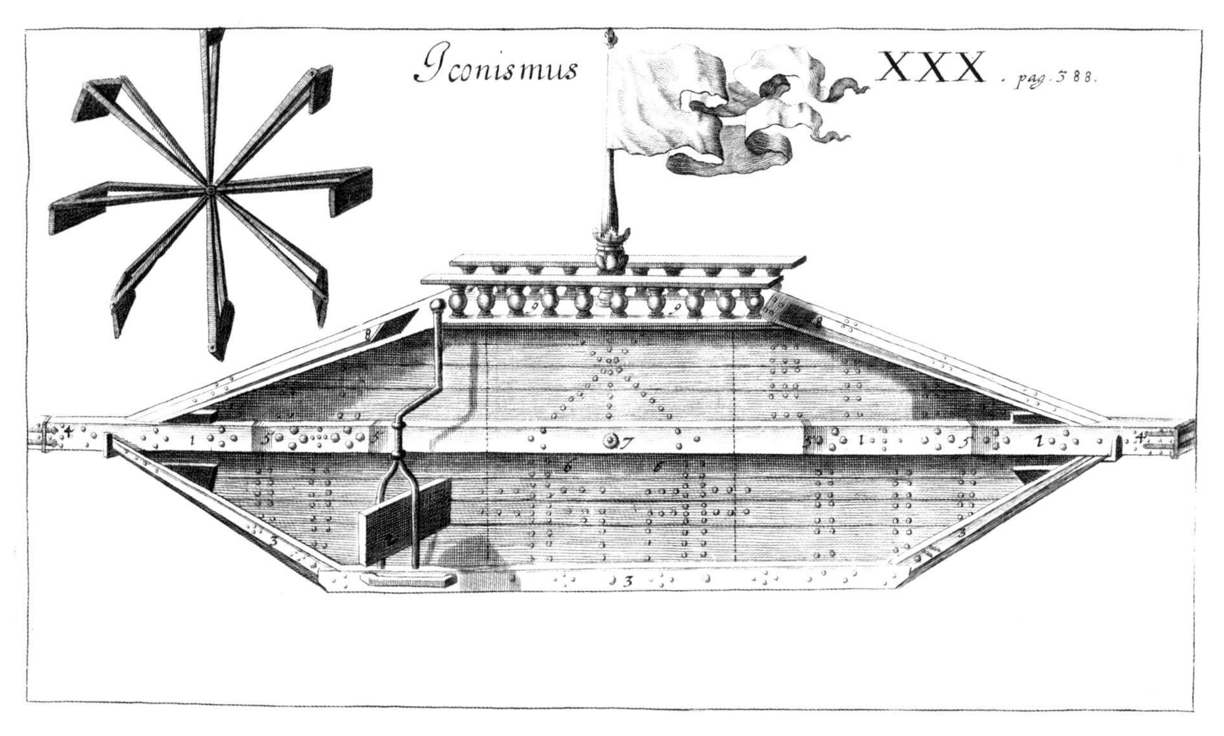


Unterseeboot: *Technica curiosa*, zu S. 388 (Iconismus XXX)

### Kirchers Einfluss

Viele seiner Bücher haben enge Bezüge zu seinem hoch verehrten Lehrer ATHANASIUS KIRCHER. In den Vorworten verweist SCHOTT auf ihn, immer wieder zitiert er ihn und berichtet über Erfahrungen, die er bei ihm gesammelt hat. In seinem ersten Buch, der *Mechanica hydraulico-pneumatica* (1657), beschreibt er Exponate des *Museum Kircherianum*.

Das *Iter ex[s]taticum coeleste* (1660) ist die kommentierte Ausgabe eines Werks von KIRCHER.

Das *Pantometrum Kircherianum* (1660) und das *Organum mathematicum* (1668) sind Handbücher zu Erfindungen von KIRCHER.

Die 4-bändige *Magia universalis naturae et artis* (1657–1659) ähnelt in Form und Inhalt stark entsprechenden Werken von KIRCHER. Das gilt bis zu den Abbildungen, von denen einige buchstäblich „abgekupfert" sind. So bringt SCHOTT in der *Mechanica hydraulico-pneumatica* (1957) die Abbildung einer wassergetriebenen automatischen Orgel[3] aus A. KIRCHERS *Musurgia universalis II* (1650).[4] Die gleiche Abbildung bringt SCHOTT dann nochmals in seiner *Magia universalis naturae et artis II*, (1657)[5].

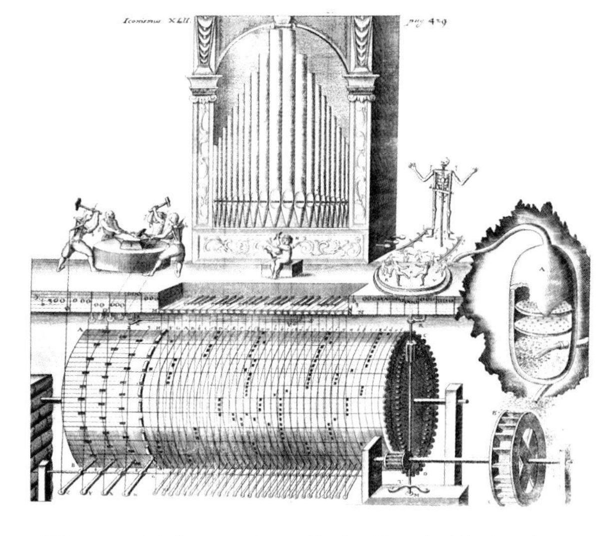

Wassergetriebene automatische Orgel: *Mechanica hydraulico-pneumatica*, zu S. 429 (Iconismus XLII)

### Wirkung seiner Werke

SCHOTTS Werke fanden weite Verbreitung und internationale Anerkennung. In der Wissenschaftsentwicklung hatten sie zusammen mit seinem umfangreichen Briefwechsel einen beachtlichen Einfluss als Mittel der wissenschaftlichen Kommunikation und können in der Nach-

folge der Werke von MARIN MERSENNE (1588–1648), dem „Sekretär des wissenschaftlichen Europas", gesehen werden.
Seine Bücher weckten allgemein das Interesse an den Mathematischen Wissenschaften und trugen dazu bei, dass diese durch Mäzene gefördert wurden.
Im Bildungssystem der Jesuiten waren seine Bücher weltweit geschätzt, etliche von ihnen wurden als Lehrbücher verwendet.
Betrachtet man die Geschichte der Universität Würzburg, so zehrte sie in der Mathematik und in den Naturwissenschaften doch immerhin über 100 Jahre von der Reputation, die ATHANASIUS KIRCHER und KASPAR SCHOTT mit ihren Werken erworben hatten. Als 1749 Fürstbischof CARL PHILIPP VON GREIFFENKLAU (1749–1754) die Qualität der Ausbildung verbessern wollte, nannte er das Ziel, „der Mathematik, die in früheren Zeiten durch so hervorragende Professoren wie KIRCHER und SCHOTT vertreten worden sei, wieder zu ihrem alten Glanz zu verhelfen."[6]

## Literatur


Schott, Kaspar: Mechanica hydraulico-pneumatica. Würzburg 1657.
Schott, Kaspar: Magia universalis naturae et artis I–IV. Würzburg 1657–1659.
Schott, Kaspar: Pantometrum Kircherianum. Würzburg 1660.
Schott, Kaspar: Iter ex[s]taticum coeleste. Würzburg 1660.
Schott, Kaspar: Cursus mathematicus. Würzburg 1661.
Schott, Kaspar: Physica curiosa. Würzburg 1662.
Schott, Kaspar: Mathesis Caesarea. Würzburg 1662.
Schott, Kaspar: Anatomia physico-hydrostatica fontium ac fluminum. Würzburg 1663.
Schott, Kaspar: Technica curiosa. Würzburg 1664.
Schott, Kaspar: Schola steganographica. Nürnberg 1665.
Schott, Kaspar: Ioco-seria naturae et artis. Würzburg 1666.
Schott, Kaspar: Organum mathematicum. Würzburg 1668.


## Anmerkungen

[1] Maurizio Sonnino: Kaspar Schott e il Latino della „Controriforma Scientifica". In: La „Technica curiosa" di Kaspar Schott. Florenz: Edizioni dell'Elefante 2000, S. 63–73.
[2] Dietrich Unverzagt: Philosophia, Historia, Technica. Caspar Schotts Magia Universalis. Berlin 2000.
[3] Kaspar Schott: Mechanica hydraulico-pneumatica. Würzburg 1657, S. 429.
[4] Athanasius Kircher: Musurgia universalis II. Rom 1650, S. 347.
[5] Kaspar Schott: Magia universalis naturae et artis, II. Würzburg 1657, S. 323.
[6] Franz Xaver von Wegele II: Geschichte der Universität Würzburg. Würzburg 1882, Nr. 152, § IV, Punkt 10.

# Kaspar Schott als Didaktiker

*Hans-Joachim Vollrath*

## Lehrer

Schott hat in Palermo und Würzburg als Professor gelehrt. In Würzburg unterrichtete er die Mathematischen Wissenschaften, die damals die Grundlage des Studiums bildeten, so dass er es häufig mit Anfängern (*tyrones*) zu tun hatte. Er lehrte gern, und er konnte es offenbar gut.

Professor und Studenten 1582 in Würzburg: *Fries-Chronik,* Universitätsbibliothek Würzburg, M.ch.f. 760.

## Verfasser von Lehrbüchern

Schotts didaktische Fähigkeiten zeigen sich an seinen Lehrbüchern. Der *Cursus mathematicus* (1661) wendet sich unmittelbar an Anfänger, um ihnen die Grundlagen der Mathematischen Wissenschaften zu vermitteln. Ein Auszug dieses Werkes erscheint 1662 unter dem Titel *Arithmetica practica generalis ac specialis* und wird zu einem weit verbreiteten Lehrbuch an Gymnasien. Das *Pantometrum Kircherianum* (1660) gibt eine systematische Einführung in die Praktische Geometrie anhand eines von Kircher erfundenen und von Schott weiter entwickelten Vermessungsinstruments, dem Schott diesen Namen gegeben hatte.

Seine Lehrbücher sind deutlich didaktisch geprägt. Dies zeigt sich an der *Aufteilung* der Inhalte in sinnvolle Teile, einer zweckmäßigen *Anordnung* der Teile, *Erklärungen* der verwendeten Begriffe, ausführlichen *Beschreibungen* und häufig auch *Illustrationen* der zu behandelnden Sachverhalte und schließlich ihrer *Begründung*. Seine Darstellung ist also auf *Verstehen* gerichtet. Insbesondere ist er um eine verständliche Sprache bemüht, wobei er eine gewisse Länge des Textes durchaus in Kauf nimmt. Er schreibt im Vorwort zu seiner *Magia universalis*: „Ich will eher lang als dunkel erscheinen."[1]

Seine Schriften laden zum Selbststudium ein. So verspricht er auf dem Titelblatt seines *Cursus mathematicus*: „[...], dass jeder, auch wer nur über mittelmäßige Begabung verfügt, die gesamte Mathematik von den ersten Grundlagen an selbstständig lernen kann."[2]

## Auf der Suche nach neuen Lehrinhalten

Schott war selbst Zeit seines Lebens ein Lernender, ständig auf der Suche nach Neuem, um es lehren zu können. Er zitiert in der *Technica curiosa* (1664) Lucius Annäus Seneca (um 4 v. Chr.–65 n. Chr.):

„Darum freue ich mich zu lernen, um zu lehren."[3]

Torricellische Röhren: *Technica curiosa*, zu S. 185 (Iconismus X)

Die von ihm bevorzugten Lehrinhalte sollen zum Nutzen (*utilitati*), zur Freude (*delectationi*) und zur Klärung (*disceptationi*) dienen. Er ist deshalb immer auf der Suche nach Sachverhalten, die selten (*rarum*), verborgen (*abditum*), seltsam (*paradoxum*), wertvoll (*prodigiosum*) und erstaunlich (*miraculo*) sind.[4] So findet sich in seinen Büchern *Wunderbares* und *Sonderbares*.

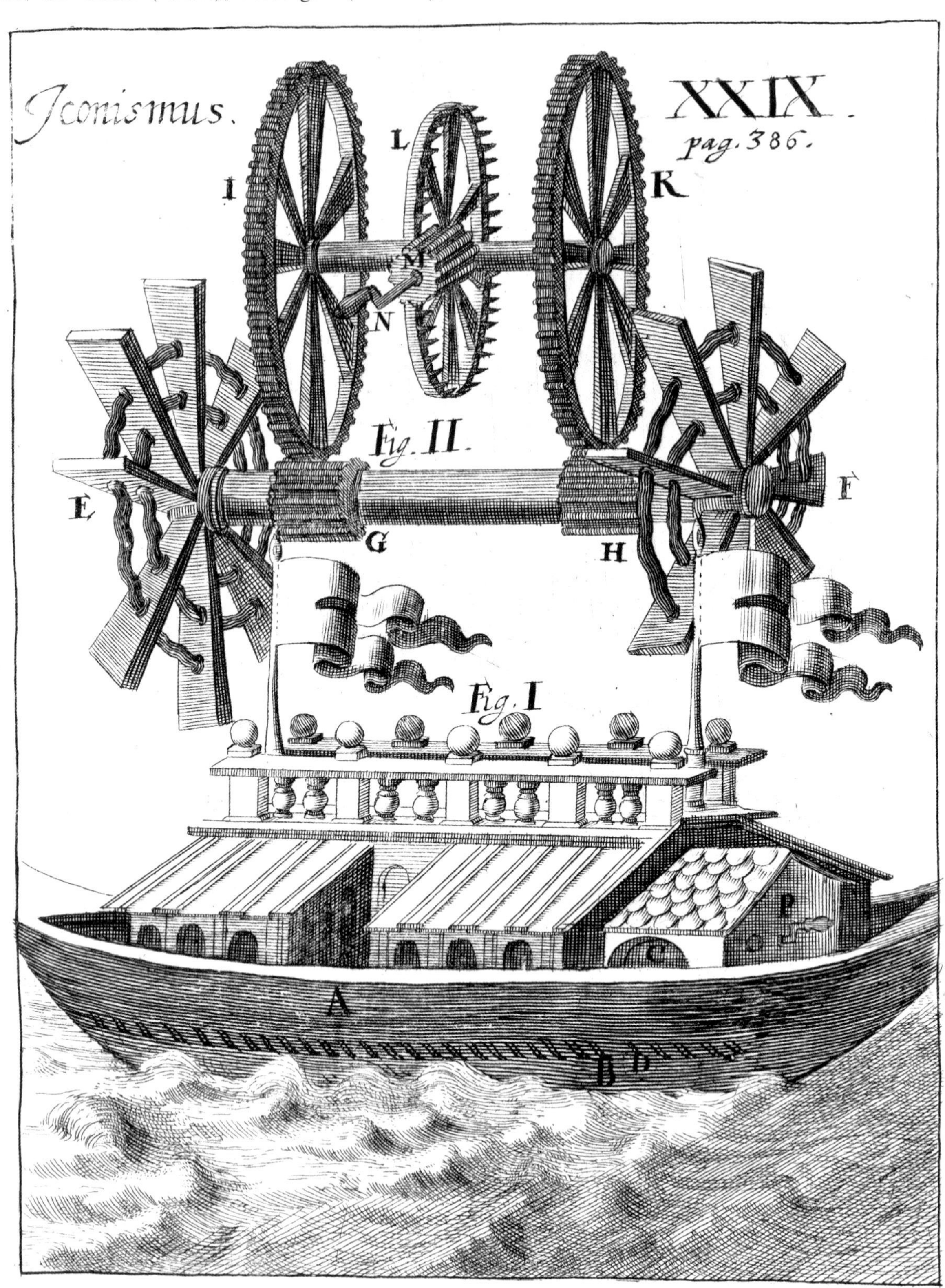


Schiff mit Handantrieb: *Technica curiosa*, zu S. 386 (Iconismus XXIX)

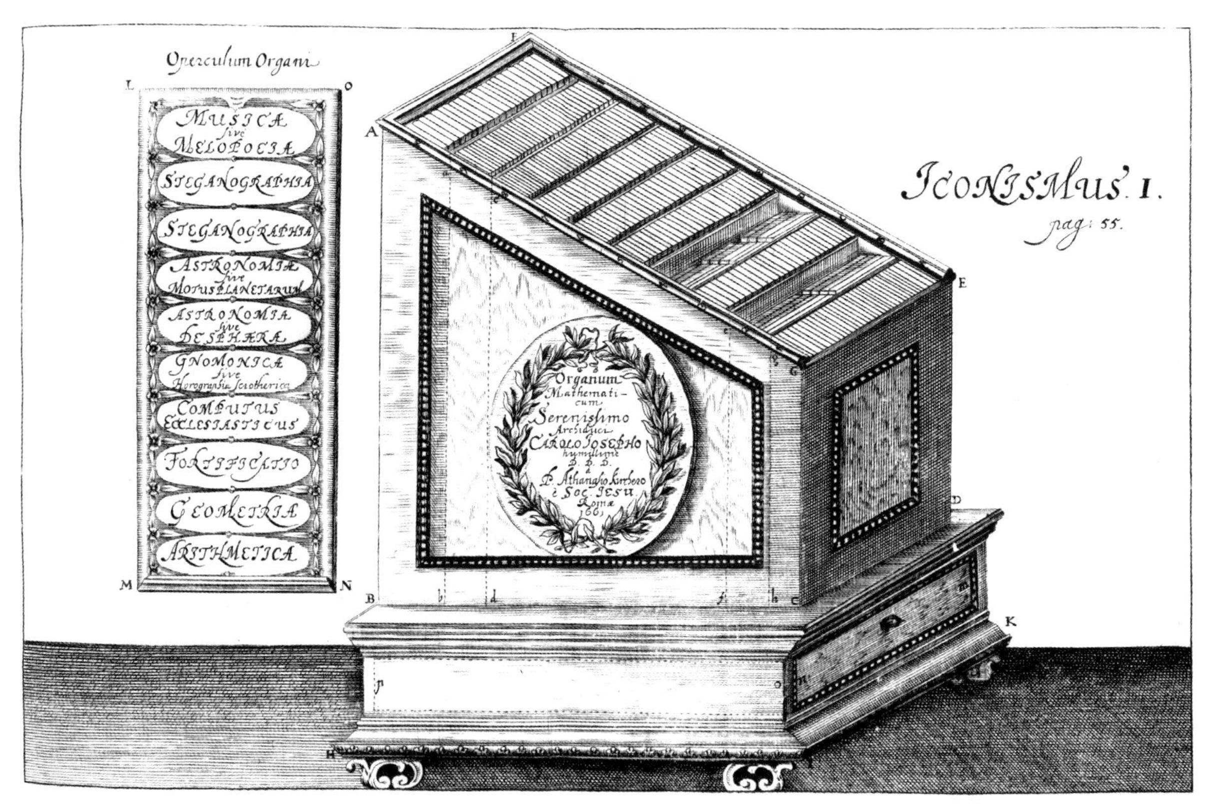


Mathematische Lehrmaschine: *Organum mathematicum*, zu S. 55 (Iconismus I)

### Verfasser von Sammelwerken

Das von ihm und KIRCHER gesammelte Wissen fasst er in umfangreichen Werken zu verschiedenen Themen zusammen. Für die Naturwissenschaften ist es in erster Linie seine *Magia universalis naturae et artis* (1657–1659), für die Technik die *Technica curiosa* (1664). Beide Bücher sind nicht unmittelbar als Lehrbücher gedacht, sondern sie zeigen *attraktive Themen* für den Unterricht auf und behandeln deren *fachliche Grundlagen*. SCHOTT schildert klassische, aber auch aktuelle Phänomene. Indem er sich mit unterschiedlichen Deutungen der Phänomene auseinandersetzt, entstehen lebhafte Erörterungen, die Wissenschaft für seine Leser durchaus spannend machen. So bereitet er Wissen für die Lehre auf.

### Lehrmittel

SCHOTT propagiert und fördert den Einsatz von Lehrmitteln für den Unterricht.[5] Als er von seinem Freund GOTTFRIED ALOYSIUS KINNER VON LÖWENTHURM erfährt, dass ATHANASIUS KIRCHER 1661 eine *Lehrmaschine* für dessen zwölfjährigen Schüler Erzherzog KARL JOSEPH VON HABSBURG (1649–1664) entwickelt hatte, bat er KINNER um eine Beschreibung, die er dann 1664 in seiner *Technica curiosa* veröffentlichte.[6] Bilder der Lehrmaschine und des Schülers finden sich später in SCHOTTS *Organum mathematicum*, das 1668 postum erscheint.[7]

In den 10 Fächern der Lehrmaschine befinden sich Täfelchen, auf denen Tabellen eingetragen sind, mit denen man Aufgaben aus Arithmetik und Geometrie, zum Festungsbau, zur kirchlichen Zeitrechnung, zum Bau von Sonnenuhren, zur Astronomie und Astrologie, zur Verschlüsselung und zur Komposition behandeln kann.

SCHOTT druckt im *Organum* den Begleitbrief von KIRCHER an KINNER mit dessen Erläuterungen zur Lehrmaschine ab, gibt selbst didaktische Begründungen für die einzelnen Gebiete an und stellt dann ausführlich die angesprochenen Gebiete dar. Diese Darstellung ist didaktisch meisterhaft und zeigt ein immenses fachliches Wissen.

Karl Joseph von Habsburg (1649–1664):
*Organum mathematicum*

## Literatur

Unverzagt, Dietrich: Philosophia, Historia, Technica. Caspar Schotts Magia Universalis. Berlin 2000.

## Anmerkungen

[1] Kaspar Schott: Magia universalis naturae et artis, I. Würzburg 1657, Vorwort.

[2] Kaspar Schott: Cursus mathematicus. Würzburg 1661, Titelblatt.

[3] Kaspar Schott: Technica curiosa. Würzburg 1664, S. 1: „In hoc gaudeo aliquid discere, ut doceam ....”

[4] Kaspar Schott: Magia universalis naturae et artis, I. Würzburg 1657, Vorwort.

[5] Hans-Joachim Vollrath: Das Organum mathematicum – Ein Lehrmittel des Barock. Journal für Mathematik-Didaktik 24 (2003), S. 41–58.

[6] Kaspar Schott: Technica curiosa. Würzburg 1664, S. 831–833.

[7] Kaspar Schott: Organum mathematicum. Würzburg 1668.

# Schott als Enzyklopädist

*Hans-Joachim Vollrath*

*Cursus mathematicus*: Frontispiz

Der *Cursus mathematicus* (1661) ist nach seinem Untertitel *eine vollkommene Enzyklopädie aller mathematischen Disziplinen*. In 28 „Büchern" (Teilen) werden von KASPAR SCHOTT die Mathematischen Wissenschaften seiner Zeit allgemein verständlich dargestellt.
Das Buch ist LEOPOLD I (1640–1705) gewidmet, der 1658 zum deutschen Kaiser gekrönt worden war. Im Frontispiz überreicht eine Frau dem Kaiser den *Cursus mathematicus*. Der Kupferstich ist voller mathematisch-naturwissenschaftlicher Symbolik. Bär und Löwe (Sternbilder) ziehen die Erd- und die Himmelskugel. Die Bodenplatten sind mit Figuren versehen, die auf mathematische Gebiete (Geometrie, Landvermessung, Statik, Optik, Astronomie, Militärarchitektur) hinweisen.
KASPAR SCHOTT behandelt die folgenden Gebiete: Praktische Arithmetik, Elementare und praktische Geometrie, Elementare und praktische Trigonometrie, Elementare und praktische Astronomie, Astrologie, Chronographie (Zeitrechnung), Geographie, Hydrographie (Navigation), Horographie (Sonnenuhren), Mechanik und Statik, Hydrostatik und Hydrotechnik, Optik, Katoptrik (Reflexion) und Dioptrik (Brechung), Militärarchitektur (Festungsbau), Polemik und Taktik (Kriegsführung), Harmonielehre (Musik), Algebra, Logarithmen.
Am Anfang stehen *Arithmetik* und *Geometrie,* denn „wie Vögel zum Fliegen Flügel benötigen, so brauchen die Anfänger diese beiden, um ins Allerheiligste der Mathematik einzudringen."[1] Was dann folgt, ist allerdings aus heutiger Sicht eine etwas merkwürdige Zusammenstellung. Neben der Mathematik und Anwendungen finden sich Künste und mit der Astrologie sogar ein Gebiet, das wir aus heutiger Sicht den Parawissenschaften zurechnen würden. Dieser Katalog spiegelt aber das wider, was damals zu den *Mathematischen Wissenschaften* gehörte.
SCHOTT preist sein Werk im Titel mit den Worten an: „Ein lange ersehntes, von vielen versprochenes, von nicht wenigen versuchtes, von niemandem vollkommen ausgeführtes Werk." Tatsächlich bestand damals ein starkes Interesse an Werken, aus denen man einen Überblick über die Mathematischen Wissenschaften erhalten konnte. Seine Vorbilder waren: PIERRE HÉRIGONE, *Cursus mathematicus*, Paris 1644[2] und JOHANN JACOB HAINLIN, *Synopsis mathematica*, Tübingen 1653[3].
Auch sein Werk wurde zum Vorbild. Man denke etwa an CHRISTIAN WOLFF, *Elementa matheseos universae*, Halle und Magdeburg 1742.[4]

CHRISTIAN WOLFF (1679–1754)

Gegen Ende des 19. Jahrhunderts erschien noch einmal eine große *Enzyklopädie der mathematischen Wissenschaften*[5], die jedoch mit der rasanten wissenschaftlichen Entwicklung nicht mithalten konnte. Deshalb waren die ersten Bände bereits überholt, als die letzten Bände erschienen. Damit ist heute das Unternehmen einer Enzyklopädie fragwürdig geworden.
Der *Cursus mathematicus* fasste vieles zusammen, was SCHOTT bereits an anderer Stelle breit dargestellt hatte. In der Mathematik greift er auf Ausführungen in seinem *Pantometrum Kircherianum* (1660) zurück.[6] Das ist zwar ein Handbuch zu einem von ATHANASIUS KIRCHER erfundenen Vermessungsinstrument, doch hatte er dort umfassende Fragen der praktischen Geometrie abgehandelt.
Die Übereinstimmungen gehen über den Aufbau bis in einzelne Formulierungen und Abbildungen. Ähnliches gilt auch bei den naturwissenschaftlichen Themen für Anlehnungen an die ausführlichen Darstellungen in der *Mechanica hydraulico-pneumatica*[7] (1657) und in der *Magia universalis naturae et artis*[8] (1657–1659). Ein Beispiel für die Übereinstimmung von Zeichnungen zeigen Gewindespindeln aus der

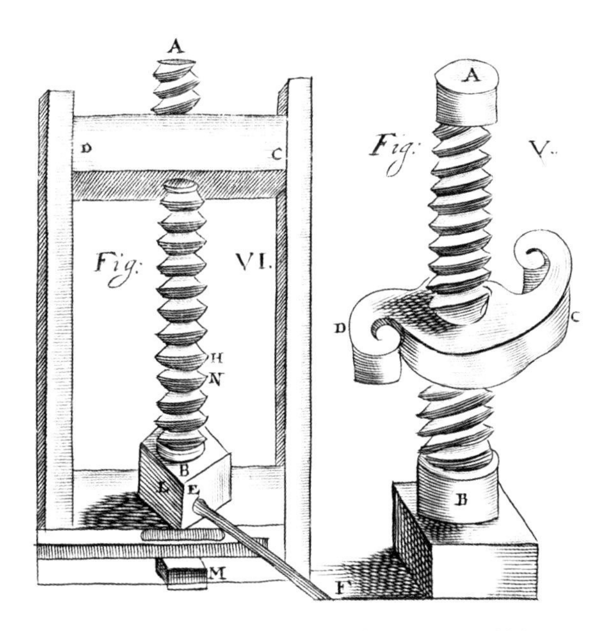


Spindeln: *Magia universalis III*, zu S. 203
(Ausschnitt aus Iconismus IX)

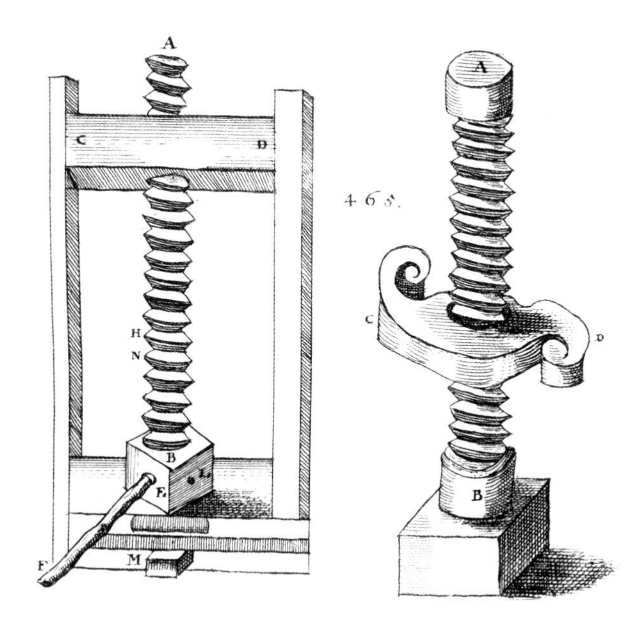

Spindeln: *Cursus mathematicus*, zu S. 441
(Ausschnitt aus Iconismus XX)

*Magia universalis* und dem *Cursus mathematicus*.

Andererseits findet sich vieles aus dem *Cursus mathematicus* auch in späteren Werken. Zunächst erscheint mit der *Arithmetica practica*[9] (1662) ein Auszug aus dem *Cursus*. Auch in dem postum erschienenen *Organum mathematicum*[10] (1668) nutzt SCHOTT die Gelegenheit, die Grundlagen der in KIRCHERS Lehrmaschine angesprochenen Themen sehr breit darzustellen. Dabei greift er in der Arithmetik, der praktischen Geometrie, dem Festungsbau, der Astronomie, der Astrologie, der kirchlichen Zeitrechnung, den Sonnenuhren und dem Komponieren auf Darstellungen im *Cursus mathematicus* zurück.

Befremdend wirkt aus heutiger Sicht die Astrologie. Allerdings beschränkt sich hier SCHOTT weitgehend auf die astronomische Beschreibung der verschiedenen Planetenkonstellationen. Zwar finden sich auch die traditionellen astrologischen Deutungen. Aber SCHOTT vermerkt doch kritisch, „dass die Sterne keine Kraft haben, auf die menschliche Freiheit einzuwirken oder die Dinge zu beeinflussen."[11] Deshalb sei alles unsicher, was über menschliche Anlagen oder über die Verschiedenheit der Jahre, über Mangel oder Überfluss ausgesagt wird. KASPAR SCHOTT verzichtet im *Cursus mathematicus* auf vieles, was uns in der *Magia universalis* oder in der *Physica curiosa*[12] obskur erscheint, etwa die Zahlenmystik der Kabbala oder seine Berechnungen über die Zahl der Engel. So wirkt dieses Werk nüchterner als viele andere von ihm.

Indem sich SCHOTT hier auf das Wesentliche konzentriert, wird die Darstellung knapper als in seinen sonstigen Werken. Damit ist der *Cursus mathematicus* ein ausgesprochen ausgereiftes Werk, das heute – jedoch vielleicht gerade wegen seiner mathematischen Orientierung – im Schatten seiner anderen großen Werke steht.

## Literatur

Knobloch, Eberhard: Klassifikationen. In: Menso Folkerts, Eberhard Knobloch, Karin Reich (Hgg.): Maß, Zahl und Gewicht. Wolfenbüttel ²2001, S. 5–32.

## Anmerkungen

[1] Kaspar Schott: Cursus mathematicus. Würzburg 1661, S. 1.

[2] Pierre Hérigone: Cursus mathematicus. Paris 1644.

[3] Johann Jacob Hainlin: Synopsis mathematica. Tübingen 1653.

[4] Christian Wolff: Elementa matheseos universae. Halle 1742.
(Christian Wolff): Vollständiges mathematisches Lexicon. Leipzig 1734 urteilt allerdings über Schotts Cursus mathematicus: „Es ist aber alles meistentheils sehr unvollständig und nicht gründlich gnung darinnen abgehandelt; dannenhero er heut zu Tage denen-

jenigen kein Gnügen thut, welche die Mathematick gründlich zu erlernen gedencken." Sp. 336.
[5] Felix Klein, Wilhelm Franz Meyer, Heinrich Weber (Hgg.): Enzyklopädie der mathematischen Wissenschaften mit Einschluss ihrer Anwendungen. Leipzig 1898–1935.
[6] Kaspar Schott: Pantometrum Kircherianum. Würzburg 1660.
[7] Kaspar Schott: Mechanica hydraulico-pneumatica. Würzburg 1657.
[8] Kaspar Schott: Magia universalis naturae et artis. Würzburg 1657–1659.
[9] Kaspar Schott: Arithmetica practica generalis ac specialis. Würzburg 1662.
[10] Kaspar Schott: Organum mathematicum. Würzburg 1668.
[11] Kaspar Schott: Cursus mathematicus. Würzburg 1661, S. 299.
[12] Kaspar Schott: Physica curiosa. Würzburg 1662.

# Schott und die Mathematik

*Hans-Joachim Vollrath*

## Schott als Mathematiker

KASPAR SCHOTT war ein universell gebildeter Mathematiker. Mathematik war für ihn nach dem Verständnis der Griechen *Wissenschaft* und ihrer Natur nach *göttlich:* „Gott treibt immer Mathematik". Diese klassische Aussage findet sich immer wieder in seinen Texten und auch auf dem Frontispiz des dritten Teils der *Magia universalis naturae et artis* (1658). (Der griechische Text auf der Tafel im Innern des Tempels besagt: „Gott treibt immer Geometrie", also Mathematik.)

*Magia universalis III*, Frontispiz

SCHOTT hat dem dritten Band der *Magia universalis* den Titel gegeben: „Thaumaturgus mathematicus" – Mathematische Wunder. Im Vorwort betont er deshalb die *Schönheit* der Mathematik. Seine Einschätzungen belegt er mit Hinweisen auf Ansichten berühmter Männer des Altertums. Man ist allerdings verwundert, wenn man in der *Magia universalis* zunächst viel über Statik und Hydrostatik und nur am Ende etwas Arithmetik und Geometrie findet. Sein mathematisches Hauptwerk ist der *Cursus mathematicus* (1661). Es zeigt, dass SCHOTT alle Gebiete der damaligen Elementar-Mathematik beherrschte.

### Mathematik

Mathematik im engeren Sinn umfasste damals: *Arithmetik, Geometrie, Trigonometrie, Algebra* und die Lehre von den *Logarithmen*. Jedes dieser Themen hatte seine praktische Seite. Der *Cursus* macht deutlich, dass SCHOTT eine besondere Liebe zur *praktischen Mathematik* hatte, die sich auch in seiner Freude an *Mathematischen Instrumenten* zeigt.

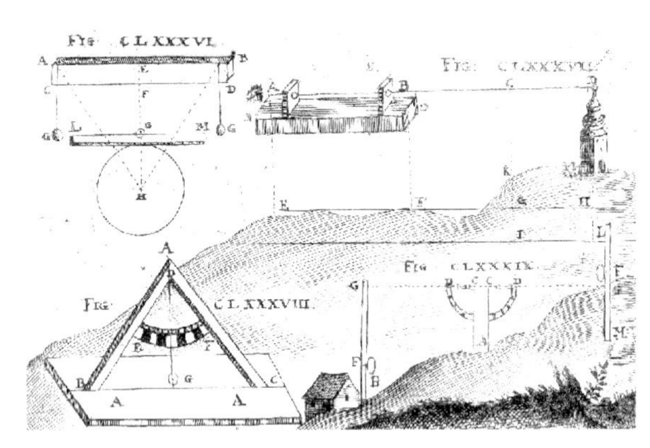

Praktische Geometrie: *Pantometrum Kircherianum*, zu S. 279 (Ausschnitt aus Iconismus XXV)

### Mathematische Wissenschaften

Wenn SCHOTT von den *Mathematischen Wissenschaften* (*Mathematicae scientiae*) spricht, dann meint er damit umfassende Mathematik einschließlich ihrer Anwendungsgebiete. Aus heutiger Sicht waren das in erster Linie die Naturwissenschaften. Optik, Akustik, Statik, Hydrostatik und Magnetismus behandelt er bereits in der *Magia universalis naturae et artis*. Vieles davon findet sich im *Cursus* wieder. Zu den Mathematischen Wissenschaften gehörten aber auch Kirchliche Zeitrechnung, die Lehre von den Sonnenuhren, Architektur und Musik.

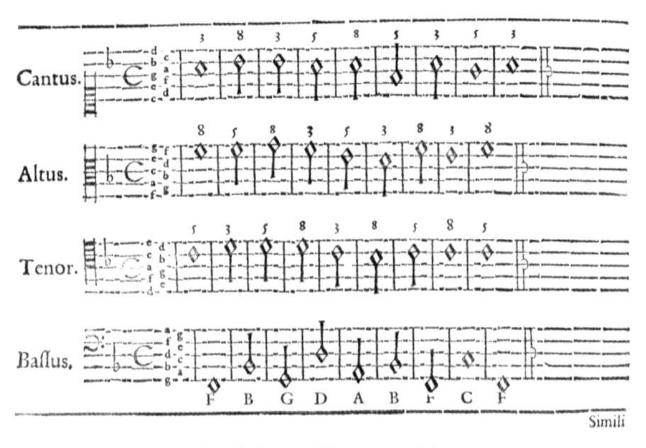


Beispiel zur Komposition:
*Cursus mathematicus*, S. 524

Wie seine Zeitgenossen hatte SCHOTT also ein inhaltlich sehr weit gefasstes Verständnis von Mathematik.

### Die Methode

Wissenschaften sind nach ARISTOTELES (384–322 v. Chr.) systematisch darzustellen und zu begründen.[1] Vorbild werden die *Elemente* des EUKLID (um 300 v. Chr.), in denen das mathematische Wissen der Zeit systematisch dargestellt wird.[2] An diesem Werk orientieren sich bis in die Neuzeit *wissenschaftliche* Darstellungen. Das galt zur Zeit von KASPAR SCHOTT insbesondere für die Mathematischen Wissenschaften.

Kennzeichnend für diese Methode ist, dass die Darstellung mit *Erklärungen* (Definitionen), *Forderungen* (Postulaten) und *Grundsätzen* (Axiomen) beginnt. Es folgen *Sätze* (Propositionen oder Theoreme), die bewiesen werden. Man sprach von einer Darstellung „nach Art der Geometrie" (*more geometrico*). BARUCH DE SPINOZA (1632–1677) schrieb sogar eine Ethik nach diesem Muster (*ordine geometrico demonstrata*)[3]. Heute ist die Bezeichnung *axiomatische Methode* gebräuchlich.

Durchgängig stellt SCHOTT in seinen Werken die Mathematischen Wissenschaften axiomatisch dar. Am konsequentesten führt er dies im *Cursus mathematicus* aus. Diesem Muster folgt später auch CHRISTIAN WOLFF (1679–1754) in seinem umfangreichen Werk: *Anfangsgründe*

*aller mathematischen Wissenschaften* (1710), das zahlreiche Auflagen erlebte.[4]
Die große Wertschätzung der *Elemente* drückt sich darin aus, dass SCHOTT im *Cursus mathematicus* die Darstellung der Geometrie eng an die ersten sechs Bücher der *Elemente* angelehnt und am Schluss des Werkes in einer Zusammenfassung die Definitionen, Postulate, Axiome und Propositionen (Sätze) EUKLIDS zusammengestellt hat.
Zusammenhänge werden von SCHOTT verbal in Form von *Verhältnissen* ausgedrückt oder in *Tabellen* dargestellt. Aus heutiger Sicht würden wir gerade auch in den Anwendungen Formeln und graphische Darstellungen erwarten. Doch so weit ist die Mathematik zu seiner Zeit noch nicht.

## Faszinierendes

Man bemerkt bei SCHOTT die Freude an großen Zahlen, an Zahlenmustern, an Zahlenrätseln, an geometrischen Problemen und Paradoxien. Mathematik ist für ihn etwas Faszinierendes.
Ihn faszinieren zum Beispiel *magische Quadrate*, bei denen die Zahlen in den Zeilen, in den Spalten und in den Diagonalen immer die gleiche Summe ergeben.

R. 3.

| 4 | 9 | 2 |
|---|---|---|
| 3 | 5 | 7 |
| 8 | 1 | 6 |

Magisches Quadrat: *Technica curiosa*, S. 875

Und er bemüht sich darum, ein von ARISTOTELES beschriebenes Paradoxon zu klären, bei dem zwei fest verbundene Kreisscheiben mit verschiedenen Umfängen, die *rota aristotelica*, abgerollt werden.
Man erwartet, dass das kleinere Rad früher eine Umdrehung zurückgelegt haben müsste als das größere. Doch das wird durch die feste Verbindung verhindert. Die abgewickelten Strecken sind gleich, was den unterschiedlichen Umfängen zu widersprechen scheint. Schon GALILEO GALILEI hatte sich mit diesem Paradoxon befasst, um daran Paradoxien des Unendlichen deutlich zu machen.[5] SCHOTT referiert unterschiedliche Erklärungsversuche und gibt selbst eine Deutung, die sich an NICCOLO CABEI (1585–1650) anlehnt, die er jedoch als „Meinung oder vielmehr Sinnestäuschung" (*opinio vel potius hallucinatio*[6]) bezeichnet.

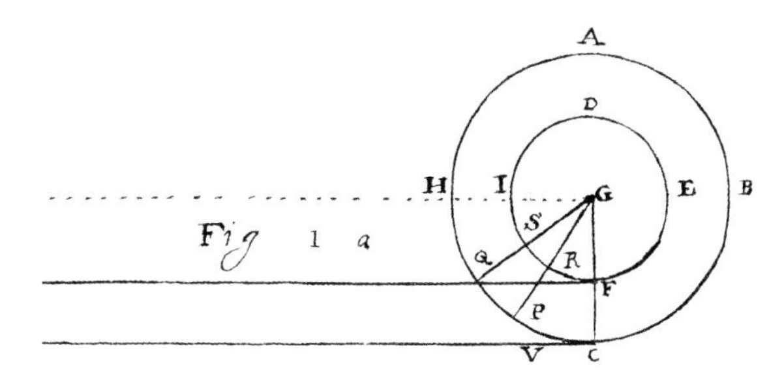


Zyklometrisches Paradoxon: *Magia universalis III*, zu S. 668 (Ausschnitt aus Iconismus XX)

Wie sein Lehrer ATHANASIUS KIRCHER interessiert sich KASPAR SCHOTT auch für *Zahlenmystik*. So befasst er sich in Buch XII der *Technica curiosa*[7] mit Kabbalistik. Ehe wir darüber die Nase rümpfen, sollten wir bedenken, dass dieses Gebiet heute wieder zunehmend Interesse findet. Zur Mathematik gehört es aus heutiger Sicht allerdings nicht mehr.
KASPAR SCHOTT war kein schöpferischer Mathematiker, doch beeinflusste er die Wissenschaftssystematik seiner Zeit und die Lehrweise der Mathematischen Wissenschaften an den Universitäten; mit seinen Werken erschließt er diese einer breiten Öffentlichkeit. Das gelingt ihm, weil er seine Zeitgenossen mit dem Wunderbaren und dem Sonderbaren fesselt, ihnen das Geheimnisvolle und das Merkwürdige erklärt, sie die Natur mathematisch betrachten lehrt und dabei Entdeckungen machen lässt. Und weil er ihnen schließlich bewusst macht, dass allen diesen Phänomenen Mathematik zu Grunde liegt, bereitet er dem Jahrhundert der Mathematik den Weg. Er trägt wesentlich dazu bei, dass mathematische Forschung öffentlich gefördert wird und sich fruchtbar entwickeln kann.

## Literatur

Knobloch, Eberhard: Klassifikationen. In: Menso Folkerts, Eberhard Knobloch, Karin Reich (Hgg.): Maß, Zahl und Gewicht. Wolfenbüttel $^{2}$2001, S. 5–32.
Unverzagt, Dietrich: Philosophia, Historia, Technica. Caspar Schotts Magia Universalis. Berlin 2000.

## Anmerkungen

[1] Aristoteles: Lehre vom Beweis oder Zweite Analytik. Hamburg 1990.
[2] Euklid: Die Elemente. Übersetzt von C. Thaer. Darmstadt 1962.
[3] Baruch de Spinoza: Die Ethik nach geometrischer Methode dargestellt. Übersetzt von Otto Baensch, Hamburg (Meiner) 1994.
[4] Christian Wolff: Anfangsgründe aller mathematischen Wissenschaften. Halle 1710.
[5] Galileo Galilei: Unterredungen und mathematische Demonstrationen. Frankfurt a. M. 1995.
[6] Kaspar Schott: Magia universalis naturae et artis, III. Würzburg 1658, Marginalie auf S. 682. Im Text auf S. 683 schreibt er: „Haec mea est, non demonstratio, sed hallucinatio seu conjectura."
[7] Kaspar Schott: Technica curiosa. Würzburg 1664.

# Praktische Geometrie

*Hans-Joachim Vollrath*

KIRCHERS Messtisch: *Pantometrum Kircherianum*, zu S. 5 (Iconismus II)

In der Praktischen Geometrie geht es um das Messen und Berechnen von Längen, Entfernungen, Höhen und Tiefen, von Flächen- und Rauminhalten sowie um das Anlegen von Plänen und Karten. Ausführlich behandelt KASPAR SCHOTT diese Fragen in seinem *Pantometrum Kircherianum* (1660).[1] Eine Zusammenfassung gibt er dann in seinem *Cursus mathematicus* (1661).[2]

## Das Pantometrum Kircherianum

Der Titel dieses Buches weist auf ein von ATHANASIUS KIRCHER erfundenes Vermessungsinstrument hin. Mit ihm kann man *Entfernungen*, *Höhen* und *Tiefen* im Gelände zeichnerisch bestimmen. Die Vielzahl der damit zu lösenden Aufgaben wird in dem Titel *Pantometrum* („Allesmesser") zum Ausdruck gebracht. SCHOTT hatte mit diesem Instrument selbst Erfahrungen in Rom gesammelt und bringt in seinem Buch zunächst eine Bauanleitung.

Das von SCHOTT dargestellte Instrument weicht allerdings von den Instrumenten, die KIRCHER in seinem *Magnes* (1643) beschreibt, deutlich ab.[3] So dürfte es sich um eine Weiterentwicklung von SCHOTT handeln, die dann von KIRCHER in seinem Vorwort zum *Pantometrum Kircherianum* autorisiert wurde. JAKOB LEUPOLD (1674–1727) bezieht sich in seinem *Theatrum arithmetico-geometricum* (1727) auf die Darstellung in SCHOTTS Buch.[4] Er weist allerdings darauf hin, dass dieses Instrument nur geringfügig von dem Messtisch abweicht, den LEONHARD ZUBLER

(1563–1609) bereits im Jahr 1607 beschrieben hatte.[5]

Nach der Bauanleitung geht SCHOTT auf die Handhabung des Instruments ein, indem er ausführlich die klassischen Aufgaben der Landmesser behandelt. Eine typische Aufgabe besteht darin, von einem Punkt im Gelände aus die Entfernung eines unzugänglichen Punktes zu ermitteln. Um zum Beispiel den Abstand des Wasserschlosses vom Ufer zu bestimmen, wird zunächst eine *Standlinie* festgelegt und ausgemessen. Dann werden mit dem Lineal des Pantometrums 3 Linien gezeichnet:

- Von einem Endpunkt der Standlinie wird der andere Endpunkt anvisiert und mit dem Lineal eine Linie gezogen.
- Von dem ersten Endpunkt wird ein Punkt des Schlosses anvisiert und wiederum eine Linie gezogen.

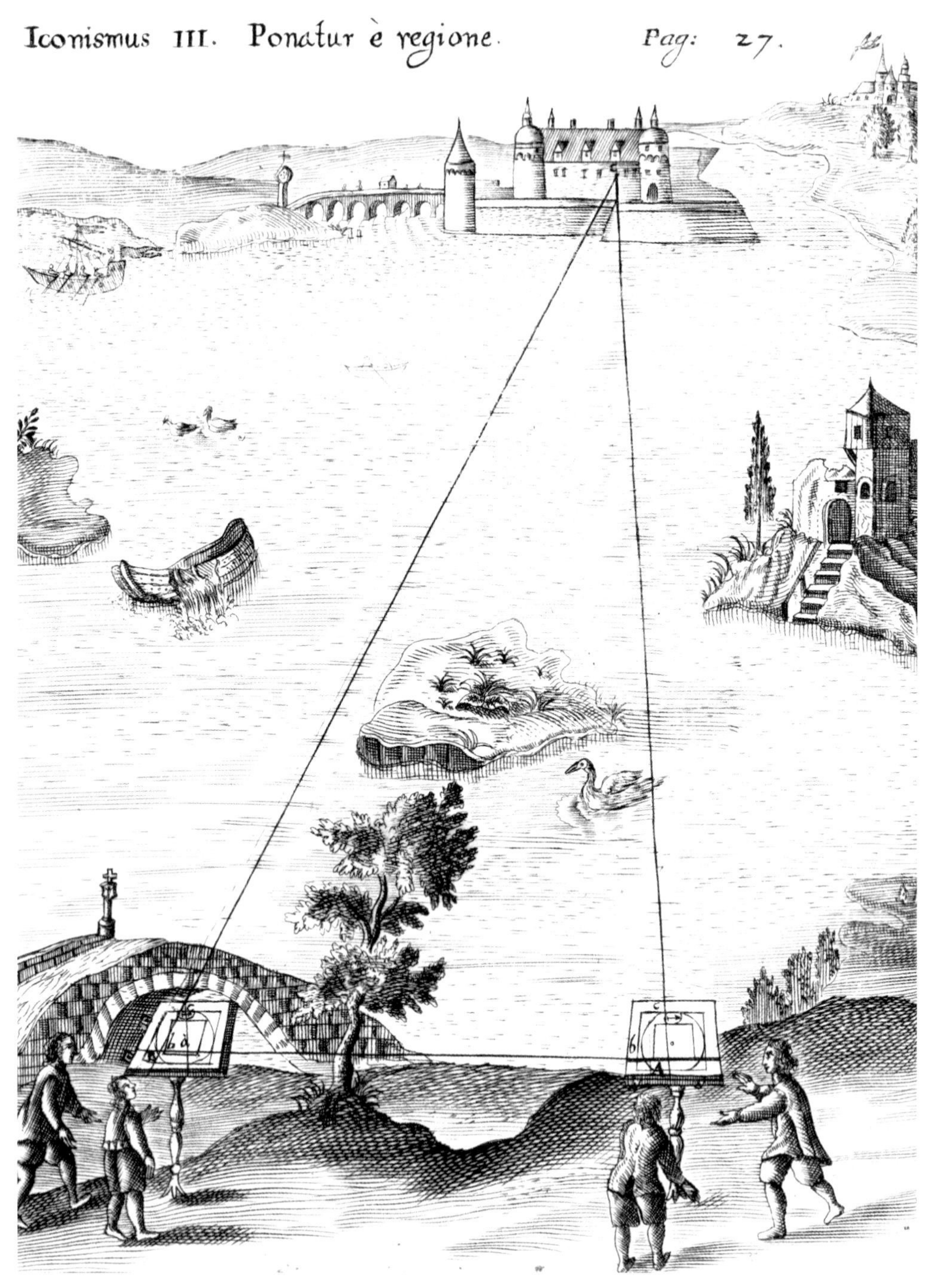


Landvermessung mit dem Pantometrum Kircherianum: *Pantometrum Kircherianum,* zu S. 27 (Iconismus III).

- Schließlich wird vom zweiten Endpunkt der Punkt des Schlosses anvisiert und eine dritte Linie gezogen.

Auf dem *Zeichenblatt* des Pantometrums ist nun ein Dreieck gezeichnet, das dem Dreieck im Gelände ähnlich ist. Hat man das Verkleinerungsverhältnis bestimmt, dann kann man aus der Bildlänge der unbekannten Entfernungslinie die wahre Entfernung bestimmen.

### Das Geometrisches Quadrat

KASPAR SCHOTT beschränkt sich aber nicht auf das Pantometrum Kircherianum, sondern empfiehlt auch das damals weit verbreitete *geometrische Quadrat*.[6]

Bei diesem Instrument visiert man markante Punkte, wie zum Beispiel Kirchturmspitzen, an und kann *Streckenverhältnisse* ablesen, aus denen man die gesuchten Längen berechnen kann.

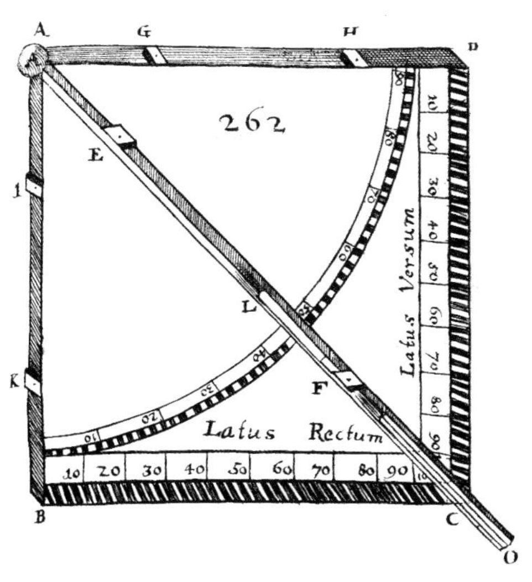


Geometrisches Quadrat: *Cursus mathematicus*, zu S. 191 (Ausschnitt aus Iconismus II)

Eine weitere Gruppe von Instrumenten der Praktischen Geometrie dient der Bestimmung der *Lotrechten* und der *Waagerechten*. Man denke etwa an das *Senkblei* und die Wasserwaage mit

Bestimmung einer Höhe mit dem Geometrischen Quadrat: *Organum mathematicum*, zu S. 195 (Iconismus IX)

der *Libelle*, die vor allem auf dem Bau verwendet werden und seit dem Altertum bekannt sind. Ständig verbessert wurden *Nivellierinstrumente*, mit denen man zuverlässig die Waagerechte im Gelände bestimmen konnte, wie das etwa im Straßen- und Kanalbau erforderlich war.

Schott gibt einen guten Überblick über die Entwicklung dieser Instrumente, so dass heute noch historische Darstellungen der Vermessungsinstrumente Bezug auf ihn nehmen.[7] Auch hier gibt er wieder Instrumente an, die er mit Kircher in Verbindung bringt. So beschreibt er die *Libella Kircheriana*, bei der es sich um eine Setzwaage handelt.

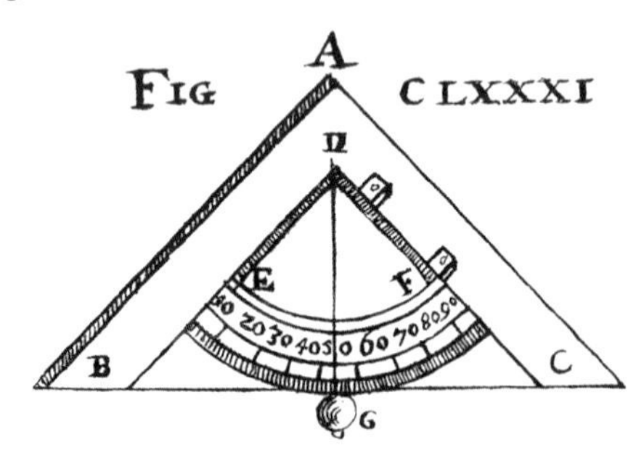


Libella Kircheriana: *Pantometrum Kircherianum*, zu S. 279 (Ausschnitt aus Iconismus XXV)

## Verwandlungen

Zur Praktischen Geometrie gehört schließlich auch die Berechnung von Flächen- und Rauminhalten. Hier geht Schott nach dem Vorbild der *Elemente* des Euklid vor, indem er zu den Flächen beziehungsweise Körpern jeweils einfache Flächen beziehungsweise Körper gleichen Flächen- beziehungsweise Rauminhalts angibt, von denen man Flächen- und Rauminhalte berechnen kann. So *verwandelt* er ein Dreieck in ein Rechteck mit gleicher Grundseite und halber Höhe und ein Prisma in einen Quader gleicher Grundfläche und gleicher Höhe. Damit könnte man heute unmittelbar auch Formeln angeben. Doch so denkt Schott noch nicht.

## Praktische Trigonometrie

Die Probleme der Praktischen Geometrie werden im *Pantometrum Kircherianum* weitgehend *konstruktiv* behandelt. Vieles davon findet sich im *Cursus mathematicus* (1661) wieder. Dort werden dann aber die Probleme auch rechnerisch mit Hilfe der *Trigonometrie* gelöst. Dafür werden Instrumente zur Winkelmessung im Gelände benötigt. Das von Schott im *Cursus mathematicus* dargestellte Geometrische Quadrat enthält auch eine Skala, an der man Winkel in Grad ablesen kann. Dieses Instrument wird dann aber bald durch Vollkreis- beziehungsweise Halbkreisinstrumente abgelöst.

Vollkreisinstrument von Johannes Eggerich Frerss, Kölln an der Spree, um 1662; Astronomisch-Physikalisches Kabinett, Kassel.

## Literatur

Schmidt, Fritz: Geschichte der geodätischen Instrumente und Verfahren im Altertum und Mittelalter. Stuttgart 1988.

Vollrath, Hans-Joachim: Das Pantometrum Kircherianum – Athanasius Kirchers Messtisch. In: Horst Beinlich, Hans-Joachim Vollrath, Klaus Wittstadt (Hgg.): Spurensuche, Wege zu Athanasius Kircher. Dettelbach 2002, S. 119–136.

## Anmerkungen

[1] Kaspar Schott: Pantometrum Kircherianum. Würzburg 1660.

[2] Kaspar Schott: Cursus mathematicus, Liber VI. Würzburg 1661.

[3] Athanasius Kircher: Magnes, sive de arte magnetica. Köln 1643.

[4] Jacob Leupold: Theatrum arithmetico geometricum. Leipzig 1727, Nachdruck: Hannover 1982.

[5] Leonhard Zubler: Novum instrumentum geometricum. Basel 1625, Nachdruck: Dortmund 1978.

[6] Fritz Schmidt: Geschichte der geodätischen Instrumente und Verfahren im Altertum und Mittelalter. Stuttgart 1988.

[7] Ebd., S. 52.

# Schotts Rechenkasten

*Hans-Joachim Vollrath*

### Die Cistula aus dem Organum mathematicum

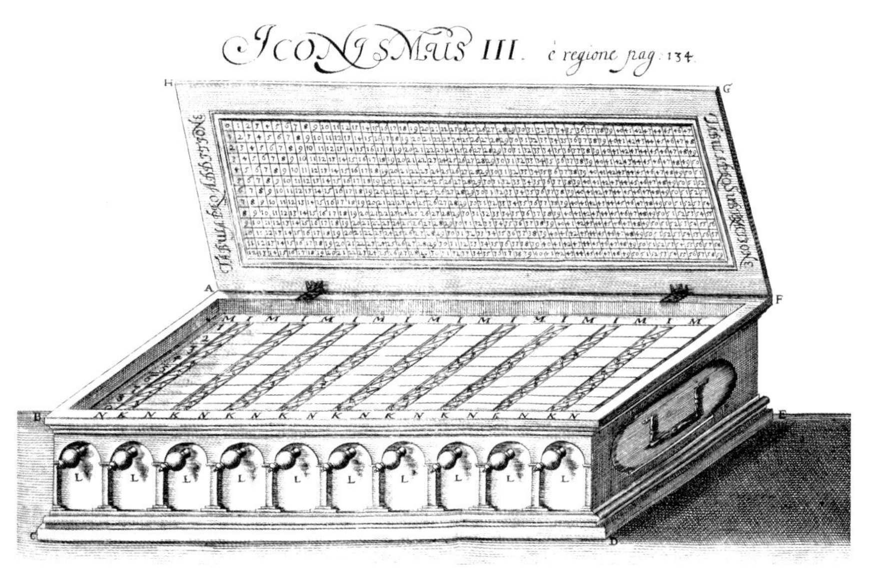


Cistula: *Organum mathematicum*, zu S. 134 (Iconismus III)

Im *Organum mathematicum* (1668) beschreibt KASPAR SCHOTT eine von ihm entwickelte Rechenmaschine, mit der man multiplizieren und dividieren konnte. Er gab ihr den Namen *Cistula* (Kästchen). Die Zeichnung der Maschine wurde sehr bekannt: JAKOB LEUPOLD (1674–1727) bringt sie in seinem *Theatrum arithmetico-geometricum* (1727)[1], und sie findet sich bis heute in Darstellungen zur Geschichte der Rechenmaschinen.[2]

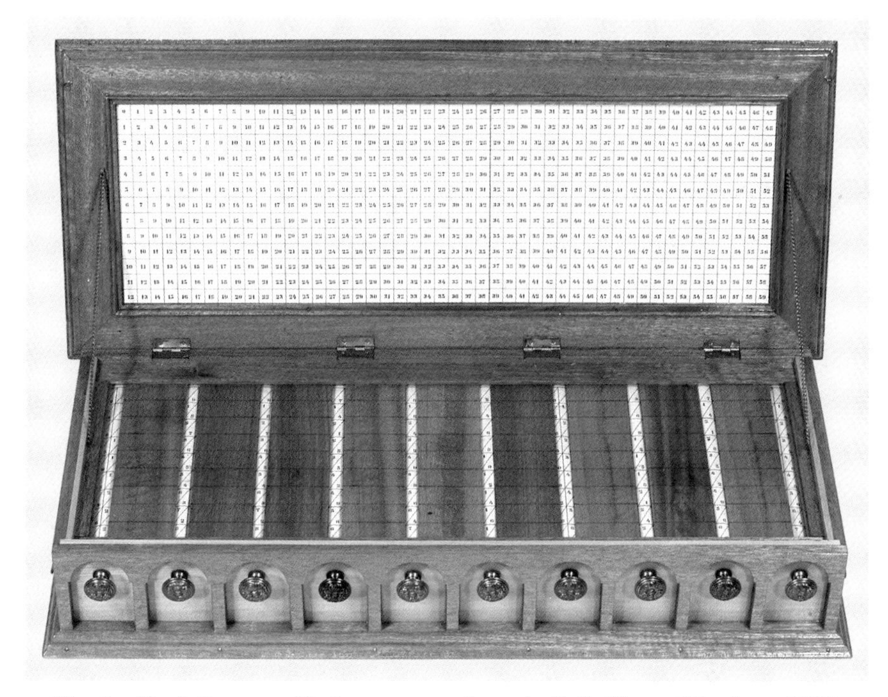

Cistula: Nach SCHOTTS Vorlage von stud. math. Erik Sinne, Würzburg 1992; Fakultät für Mathematik und Informatik.

## Das Schottsche Rechenkästchen

Die Bezeichnung Cistula lässt eine kleine Maschine vermuten, was durch die in den Museen vorhandenen Exemplare bestätigt wird. So wird in der Geschichte der Rechenmaschinen auch vom *Schottschen Rechenkästchen* gesprochen.
Die Maschine besteht aus einem Kasten mit Rechenwalzen, auf denen Einmaleins-Reihen aufgetragen sind. Schott hatte diese so verkleidet, dass jeweils nur eine Einmaleins-Reihe sichtbar war. Die gewünschte Reihe konnte mit einem Drehknopf eingestellt werden.
Die zu multiplizierende mehrstellige Zahl wird von rechts nach links auf den Rechenwalzen eingestellt. Das Ergebnis der Multiplikation kann dann in der entsprechenden Zeile bestimmt werden. Dazu sind unter Umständen Additionen nötig. Auf dem Deckel befand sich eine Einsundeins-Tabelle als Additionshilfe zum Ablesen.

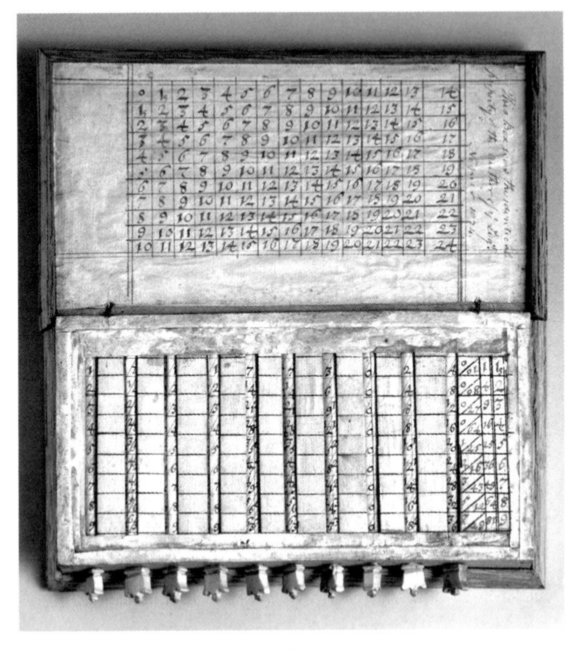

Cistula aus dem Science Museum London; Beginn des 17. Jahrhunderts; 10 Walzen. Am Ende befindet sich noch eine dreispaltige Tabelle mit den Zahlen 1 bis 9, ihren Quadraten und Kuben zur Bestimmung von Quadrat- und Kubikwurzeln.

Die in den Museen vorhandenen Maschinen arbeiten alle nach dem gleichen Prinzip, unterscheiden sich aber neben der unterschiedlichen Anzahl der Rechenwalzen in Details. Da für jede Ziffer der zu multiplizierenden Zahl eine Rechenwalze benötigt wird, entscheidet die Walzenzahl über die mögliche Stellenzahl.

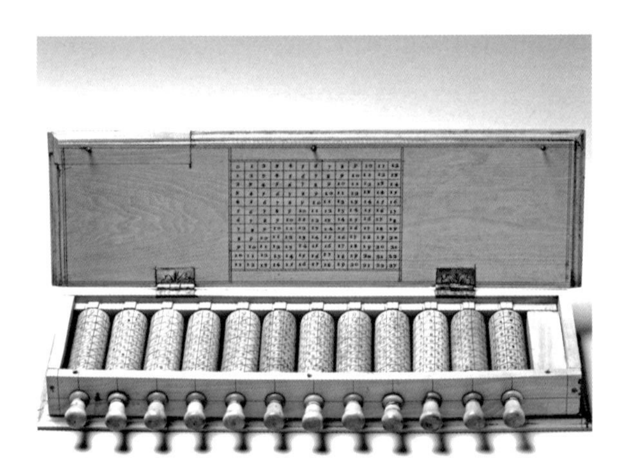

Cistula aus dem Science Museum London; Ende 17. Jahrhundert. 12 Rechenwalzen, jedoch ohne Abdeckung zwischen den Walzen. Dadurch sind die Rechenwalzen gut erkennbar. Maße (geschlossen): 23 cm lang, 10 cm breit und 3 cm hoch.

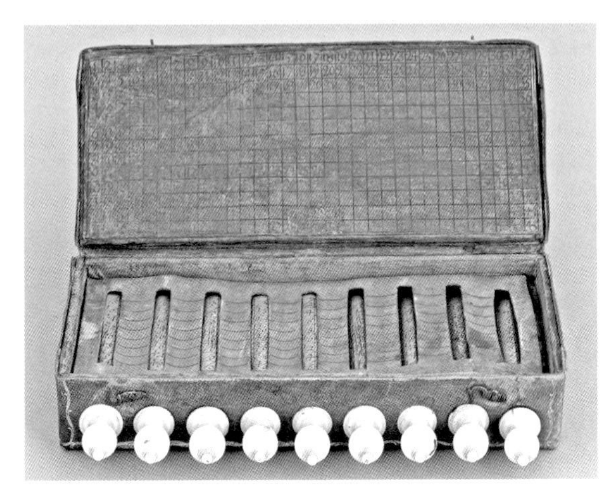

Cistula aus dem Astronomisch-Physikalischen Kabinett Kassel. 18. Jahrhundert. 9 Rechenwalzen.

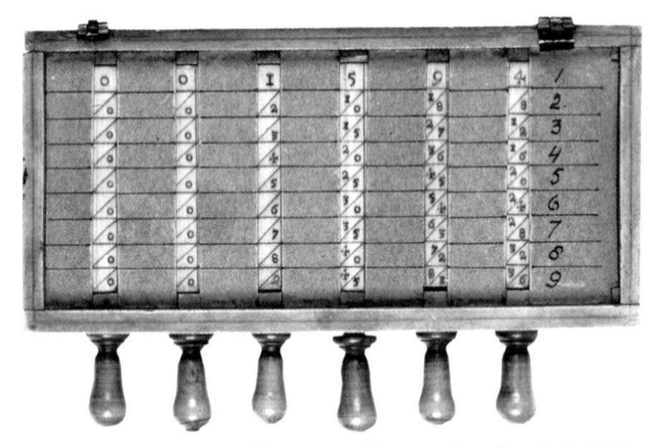

Cistula aus dem Arithmeum, Bonn; der Deckel fehlt. 18. Jahrhundert. 6 Rechenwalzen.

Ein Rechenkästchen sitzt auch auf dem *Organum mathematicum* aus dem Bayerischen Nationalmuseum.[3]

Cistula auf dem *Organum mathematicum*, Bayerisches Nationalmuseum München. 7 Rechenwalzen.

Bei SCHOTTS Cistula handelt es sich um die Weiterentwicklung einer Erfindung von JOHN NAPIER (1550–1617).

### Napier-Stäbe

Für Multiplikationen und Divisionen hatte NAPIER *Rechenstäbe* entwickelt, auf denen sich Einmaleins-Reihen befanden. Wollte man eine mehrstellige Zahl mit einer einstelligen Zahl multiplizieren, dann setzte man die mehrstellige Zahl aus den Stäben mit den Einmaleins-Reihen der einzelnen Ziffern zusammen. In der zu der einstelligen Zahl gehörigen Zeile konnte man dann das Ergebnis ablesen.

Napier-Stäbe aus dem Arithmeum, Bonn

Beispiel: $273 \cdot 6$
Man legt von rechts nach links die Stäbe mit den Einmaleins-Reihen der 3, der 7 und der 2.

| 2 | 7 | 3 | 1. Zeile |
|---|---|---|---|
| /4 | 1/4 | /6 | 2. Zeile |
| /6 | 2/1 | /9 | 3. Zeile |
| /8 | 2/8 | 1/2 | 4. Zeile |
| 1/0 | 3/5 | 1/5 | 5. Zeile |
| 1/2 | 4/2 | 1/8 | 6. Zeile |
| 1/4 | 4/9 | 2/1 | 7. Zeile |
| 1/6 | 5/6 | 2/4 | 8. Zeile |
| 1/8 | 6/3 | 2/7 | 9. Zeile |

Für die Multiplikation mit 6 geht man in die 6. Zeile. Man kann nun von rechts nach links das Ergebnis ablesen.

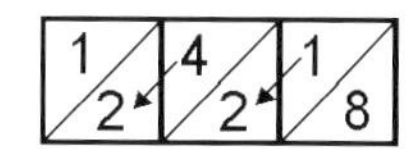

Zuerst notiert man die 8; zur 2 addiert man die rechts darüber stehende 1 und notiert die 3; so fährt man fort. Das ergibt

1 6 3 8.

Man liest also ab:

$$273 \cdot 6 = 1638.$$

SCHOTTS Idee bestand darin, die Tabellen der *Napier-Stäbe* auf drehbaren Walzen anzubringen. Jede Walze enthält also 10 Einmaleins-Reihen. Durch Drehen konnte man für jede Stelle die entsprechende Walze auf die benötigte Einmaleins-Reihe einstellen. Das bedeutete eine deutliche Vereinfachung in der Handhabung.

## Literatur

Bischoff, Johann Paul.: Versuch einer Geschichte der Rechenmaschinen. München 1990.

## Anmerkungen

[1] Jacob Leupold: Theatrum arithmetico-geometricum. Leipzig 1727; Nachdruck: Hannover 1982, Tabula V, Fig. VII zu S. 23.

[2] Johann Paul Bischoff: Versuch einer Geschichte der Rechenmaschine. München 1990, S. 55–57.

[3] Hans-Joachim Vollrath: Das Organum mathematicum – Athanasius Kirchers Lehrmaschine. In: Horst Beinlich, Hans-Joachim Vollrath, Klaus Wittstadt (Hgg.): Spurensuche, Wege zu Athanasius Kircher. Dettelbach 2002, S. 101–117.

# Proportionalzirkel

*Hans-Joachim Vollrath*

## Der Proportionalzirkel – Ein Universalinstrument des Barock

SCHOTTS Cistula war eine Rechenmaschine zum Multiplizieren und Dividieren. Für kompliziertere Rechnungen konnte man den von GALILEO GALILEI (1564–1642) erfundenen *Proportionalzirkel* verwenden.[1] Man kann ihn als Vorläufer des Rechenschiebers betrachten.

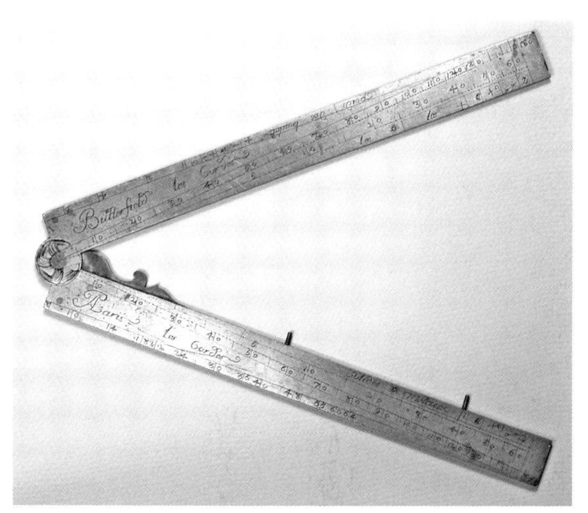

Proportionalzirkel, Messing, BUTTERFIELD, Paris, Ende 18. Jahrhundert.

Das Instrument besteht aus einem Winkel mit zwei Schenkeln, die um den Scheitel drehbar sind. Auf den Schenkeln sind jeweils gleiche Skalen aufgetragen, zum Beispiel Wurzelskalen oder Sinus-Skalen. Man rechnet mit Längen, die man mit einem Stechzirkel abgreift. Die Skizze zeigt, wie man Strecken mit dem *Stechzirkel* abliest.

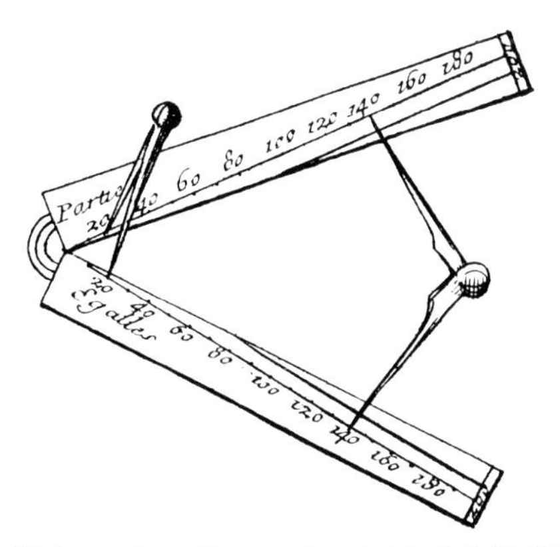


Skizze eines Proportionalzirkels[2] (1752)

Nach dem Strahlensatz verhalten sich die Strecken zwischen den Schenkeln wie die zugehörigen Strecken auf den Schenkeln. Greift man zum Beispiel an der Sinusskala ab, dann verhalten sich die abgegriffenen Strecken wie die zugehörigen Sinus-Werte. Da man damals mit *Verhältnisgleichungen* rechnete, konnte man damit einen unbekannten Wert aus drei bekannten Werten bestimmen.

## Proportionalzirkel bei Kaspar Schott

Im *Pantometrum Kircherianum* (1660) gab SCHOTT am Ende eine Einführung in den Gebrauch des Proportionalzirkels.[3] Dort findet sich auch eine Anleitung zum Bau eines solchen Instruments mit den wichtigsten Skalen.
1662 gibt er die *Ammussis Ferdinandea*[4] seines Münchner Ordensbruders ALBERT CURTZ (1600–1671) unter dem Titel *Mathesis Caesarea* mit Ergänzungen und Kommentaren neu heraus.[5] Dort werden alle wichtigen Anwendungsbereiche des Proportionalzirkels an typischen Aufgaben erläutert.

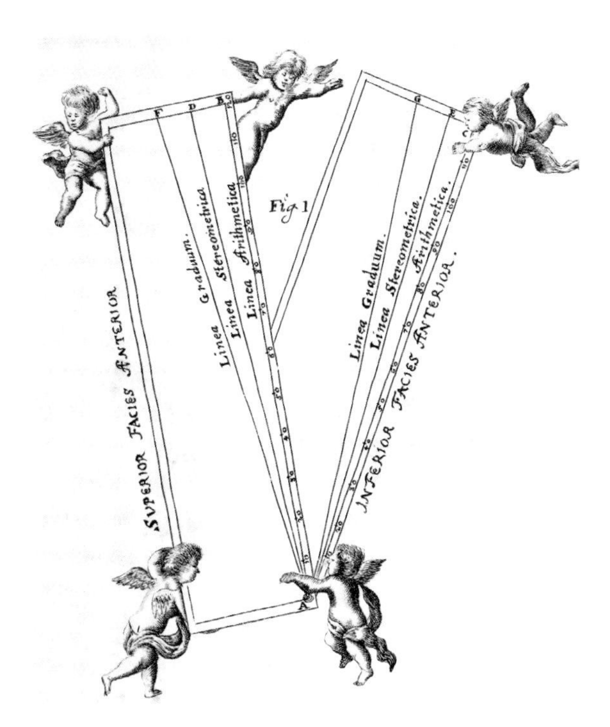


Proportionalzirkel: *Mathesis Caesarea*, zu S. 11 (Ausschnitt aus Iconismus II)

Auch im *Cursus mathematicus* zieht SCHOTT gelegentlich einen Proportionalzirkel heran, ohne näher auf ihn einzugehen.[6]

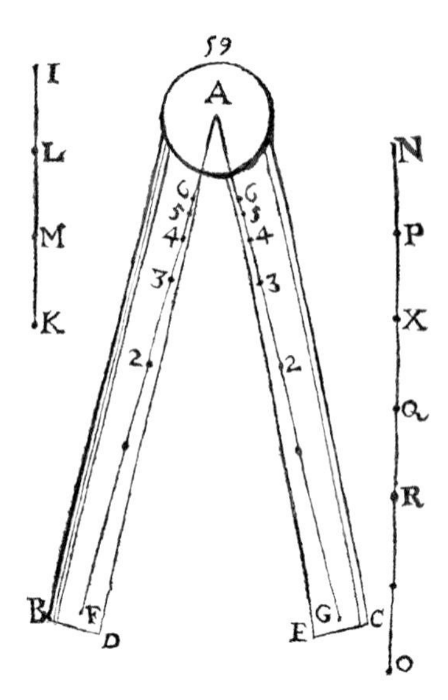


Streckenteilung mit einem Proportionalzirkel: *Cursus mathematicus*, S. 13

## Literatur

Schneider, Ivo: Der Proportionalzirkel. Ein universelles Analogrecheninstrument der Vergangenheit. München 1970.

## Anmerkungen

[1] Ivo Schneider: Der Proportionalzirkel. Ein universelles Analogrecheninstrument der Vergangenheit. München 1970.

[2] Nicolas Bion: Traité de la construction et des principaux usages des instrumens de mathématique. Paris 1752, S. 62.

[3] Kaspar Schott: Pantometrum Kircherianum, Liber X. Würzburg 1660.

[4] Albert Curtz, Sigefridus Hirsch: Amussis Ferdinandea. München 1654. Sigefridus Hirsch ist ein Pseudonym für Albert Curtz.

[5] Kaspar Schott: Mathesis Caesarea. Würzburg 1662.

[6] Kaspar Schott: Cursus mathematicus. Würzburg 1661, S. 13.

# Geheimschriften

*Hans-Joachim Vollrath*

*Schola steganographica:* Frontispiz

KASPAR SCHOTT hat sich wiederholt mit *Geheimschriften* befasst. Bereits in der *Magia universalis naturae et artis IV* (1659) beschreibt er verschiedene Verfahren zum *Verbergen* von Nachrichten.[1] Sein umfangreichstes Werk zu dem Thema ist seine *Schola steganographica* (1665), bei der es im Wesentlichen um das *Verschlüsseln* von Nachrichten geht.[2] Schließlich stellt er im *Organum mathematicum* (1668) ausführlich das Hintergrundwissen für das Arbeiten mit den Verschlüsselungsstäben der Mathematischen Orgel dar.[3]

JOHANNES TRITHEMIUS (1462–1516)

Die Lehre von den Geheimschriften wurde von JOHANNES TRITHEMIUS (1462–1516) begründet, der von 1506 bis zu seinem Tode in Würzburg Abt von St. Jacob war. Er hatte die ersten Bücher zur Steganographie (zwischen 1498 und 1500) und Kryptographie (1508) verfasst.[4] In der *Steganographie* werden Nachrichten verborgen, zum Beispiel mit Geheimtinte geschrieben. In der *Kryptographie* werden Nachrichten verschlüsselt und zum Beispiel durch Zahlen dargestellt. SCHOTT unterscheidet allerdings nicht streng zwischen den Verfahren.
Auch SCHOTTS Lehrer ATHANASIUS KIRCHER hatte sich ausführlich mit Fragen der Verschlüsselung beschäftigt und *Verschlüsselungsmaschinen* entwickelt. Ausführlich berichtet er darüber in seiner *Polygraphia nova et universalis* (1663).[5] Die von KIRCHER entwickelten Maschinen stehen bei SCHOTT im Mittelpunkt.

## Arca glottotactica

Mit der *Arca glottotactica* (Sprachtaktische Maschine) konnte man zum Beispiel einfache Briefe in lateinischer, deutscher, französischer, italienischer und spanischer Sprache in eine Folge von Buchstaben komprimieren, die im Idealfall einen Sinn vorspiegelten.

Arca glottotactica: *Schola steganographica*, zu S. 27 (Iconismus I)

Der Maschine lag ein Brief mit typischen Redewendungen in lateinischer Sprache zu Grunde. Dieser Brief wurde in 40 typische Redewendungen zerlegt, die mit den römischen Zahlen von I bis XL versehen wurden. Für jede dieser Redewendungen wurden 5 Stäbe in den 5 verschiedenen Sprachen angefertigt.
Ein entsprechender Brief wurde nun so verschlüsselt, dass man nacheinander die entsprechenden Redewendungen auf den Stäben suchte und den zugehörigen Buchstaben hinschrieb. So erhielt man als verschlüsselte Botschaft eine kurze Buchstabenfolge.
Sowohl das Verschlüsseln als auch das Entschlüsseln dürften einige Schwierigkeiten bereitet haben, weil man den zu verschlüsselnden Brief so schreiben musste, dass er dem Musterbrief entsprach. Diese Schwierigkeiten ließen sich mit der *Arca steganographica* vermeiden.

## Arca steganographica

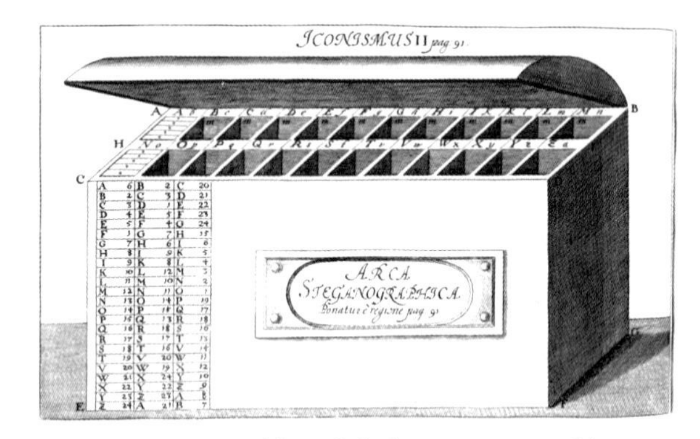


Arca steganographica: *Schola steganographica*, zu S. 91 (Iconismus II)

Die *Arca steganographica* (Verschlüsselungsmaschine) ist ein Kasten mit 24 Fächern, die mit den Buchstaben A, B, ... , Y, Z beschriftet sind.

In jedem Fach befinden sich 6 Stäbe, auf denen den einzelnen Buchstaben des Alphabets jeweils die Zahlen von 1 bis 26 in bestimmter Weise zugeordnet sind. Sender und Empfänger verabredeten ein Codewort, zum Beispiel SALVE. Dieses Wort legten sie nun beide nacheinander mit den Stäben der Fächer S, A, L, V, E. War nun eine Nachricht zu verschlüsseln, so suchte man zum 1. Buchstaben der Nachricht auf dem 1. Stab die entsprechende Zahl, zum zweiten Buchstaben der Nachricht auf dem 2. Stab wiederum die entsprechen Zahl, und so weiter. Beim 6. Buchstaben der Nachricht suchte man wieder auf dem 1. Stab die zugehörige Zahl, und so weiter. So erhielt man als verschlüsselte Nachricht eine Zahlenfolge, die man zum Beispiel in einer Tabelle „tarnen" konnte. Beim Entschlüsseln ging man umgekehrt vor.
Eine derartige Verschlüsselungsmaschine ist auch in KIRCHERS Lehrmaschine enthalten, mit welcher der Schüler Nachrichten verschlüsseln und entschlüsseln konnte.[6]

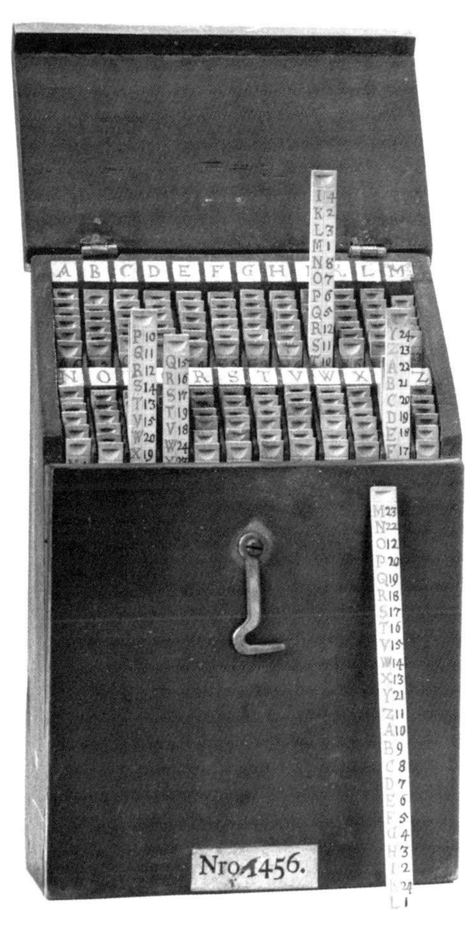


*Arca steganographica* von ATHANASIUS KIRCHER aus dem Herzog Anton Ulrich-Museum, Braunschweig.

## Literatur

Arnold, Klaus: Johannes Trithemius – Leben und Werk. München 1991.

## Anmerkungen

[1] Kaspar Schott: Magia universalis naturae et artis, IV. Würzburg 1659.
[2] Kaspar Schott: Schola steganographia. Nürnberg 1665.
[3] Kaspar Schott: Organum mathematicum. Würzburg 1668.
[4] Johannes Trithemius: Polygraphia 1518; Steganographia, Frankfurt 1606.
[5] Athanasius Kircher: Polygraphia nova et universalis. Rom 1663.
[6] Hans-Joachim Vollrath: Das Organum mathematicum – Athanasius Kirchers Lehrmaschine. In: Horst Beinlich, Hans-Jochim Vollrath, Klaus Wittstadt (Hgg.): Spurensuche, Wege zu Athanasius Kircher. Dettelbach 2002, S. 101–117.

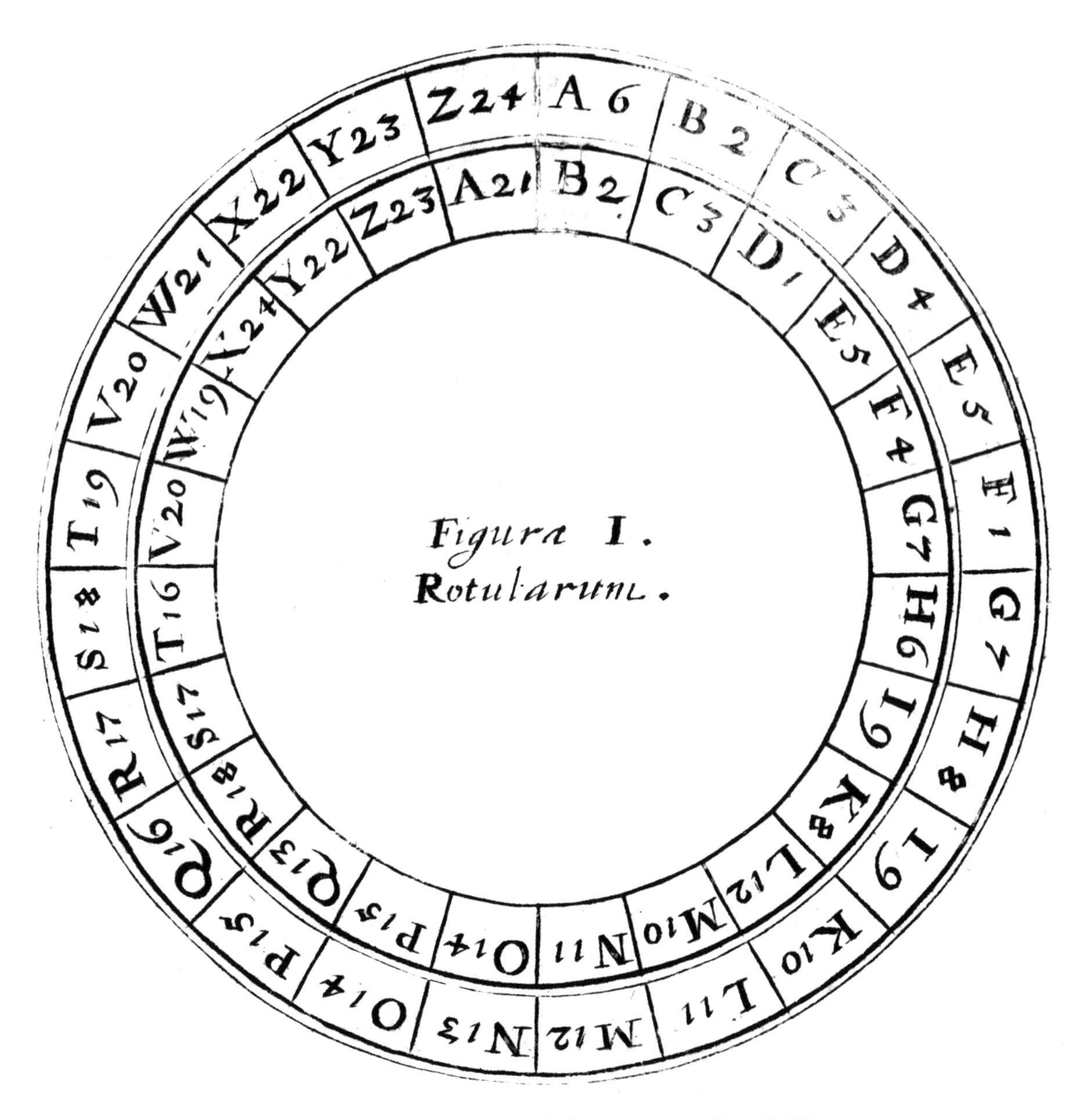


Verschlüsselungsscheiben: *Schola steganographica*, S. 95.
Die beiden Scheiben können gegeneinander gedreht werden. Bei einer bestimmten Einstellung sind verschiedene Verschlüsselungen möglich. Zum Beispiel kann man den Buchstaben auf der äußeren Scheibe jeweils die entsprechende Zahl auf der inneren Scheibe zuordnen. Hier also dem A die 2, dem B die 3, dem C die 1 usw.

# Architekturtheorie

*Hans-Joachim Vollrath*

Zu den Mathematischen Wissenschaften gehörte auch die Architekturtheorie. Der bedeutendste Architekturtheoretiker im 17. Jahrhundert war NIKOLAUS GOLDMANN (1611–1665), der aus Breslau stammte und in Leiden wirkte.[1,2] KASPAR SCHOTT kannte ihn persönlich. Im *Cursus mathematicus* verweist er auf dessen *Elementa architecturae militaris* (1643).[3] GOLDMANNS *Vollständige Anweisung zu der Civil-Bau-Kunst* wurde postum von LEONHARD CHRISTOPH STURM 1696 herausgegeben und wurde zum Standardwerk.[4]

## Zivilarchitektur

In SCHOTTS Werk findet sich nur wenig zur Zivil-Architektur. So wird in der von ihm bearbeiteten *Mathesis Caesarea* von ALBERT CURTZ gezeigt, wie man mit Hilfe eines Proportionalzirkels Säulen konstruieren kann.[5]
Die Klassifikation der Säulen geht auf den römischen Architekturtheoretiker MARCUS VITRUVIUS POLLIO[6] aus dem 1. Jahrh. v. Chr. zurück und wurde von dem italienischen Architekturtheoretiker GIACOMO BAROZZI DA VIGNOLA[7] (1507–1573) weiterentwickelt. Für jeden Säulentyp sind bestimmte Proportionen typisch. Man unterscheidet fünf klassische Säulenordnungen:
tuskisch – dorisch – ionisch – römisch – korinthisch.

## Militärarchitektur

In der Militärarchitektur ging es im Wesentlichen um den *Festungsbau*. Das war zur Zeit von KASPAR SCHOTT ein aktuelles Thema, denn im Dreißigjährigen Krieg hatte es sich gezeigt, dass die herkömmlichen Stadtmauern und Befestigungen weitgehend unwirksam waren. So hatten die Schweden 1631 in Würzburg trotz heftigen Geschützfeuers von der Festung die Stadtmauern mühelos überwinden und die Öffnung der Stadttore erzwingen können. Auch die Festung Marienberg hielt den Angreifern nicht stand. Deshalb begannen noch während des Krieges die Schweden mit der Reparatur und dem Ausbau der Bastionen auf der Festung. Anschließend erhielt auch die Stadt ihre barocke Befestigung. Die Arbeiten waren zur Zeit SCHOTTS noch im Gange.[9]
Die Konstruktionen folgten den bekannten und international verbreiteten Anweisungen der Lehrbücher über den Festungsbau. SCHOTT kannte die die wichtigsten Werke und legte sie seinen Ausführungen im *Cursus mathematicus*[10] und im *Organum mathematicum*[11] zu Grunde. Er beschränkt sich dabei auf Grundrisse aus regelmäßigen Vielecken, für die er jeweils die Winkel und die Seitenverhältnisse aus der Literatur angibt (zum Teil auch korrigiert) und die zugehörigen Konstruktionen beschreibt.

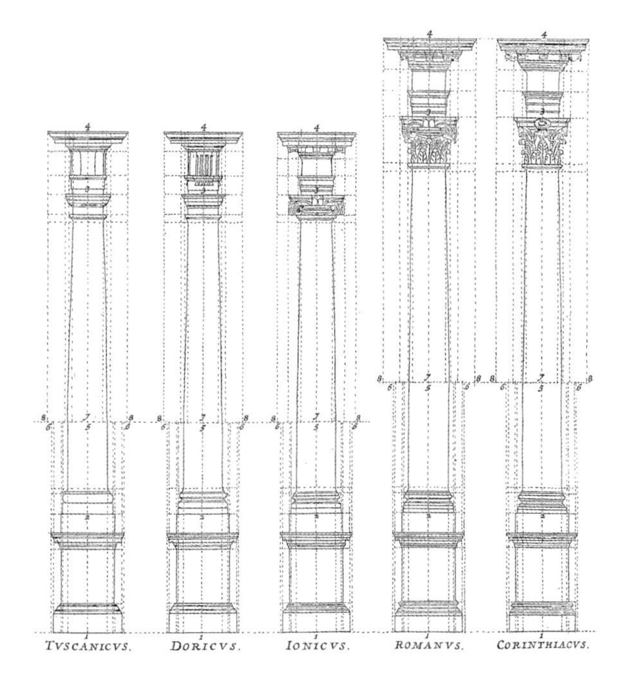


Die fünf klassischen Säulenordnungen nach GOLDMANN, *Tractatus de stylometris*[8].

## Literatur

Semrau, Max: Nikolaus Goldmann. In: Friedrich Andreae, Max Hippe, Pasul Knötel, Otfried Schwarzer (Hgg.): Schlesische Lebensbilder, Schlesier des 17.–19. Jahrh. Bd. 3. Sigmaringen ²1985, S. 54–60.
Schütte, Ulrich (Hg.): Architekt und Ingenieur, Baumeister in Krieg und Frieden. Ausstellungskatalog, Herzog August Bibliothek, Wolfenbüttel 1984.

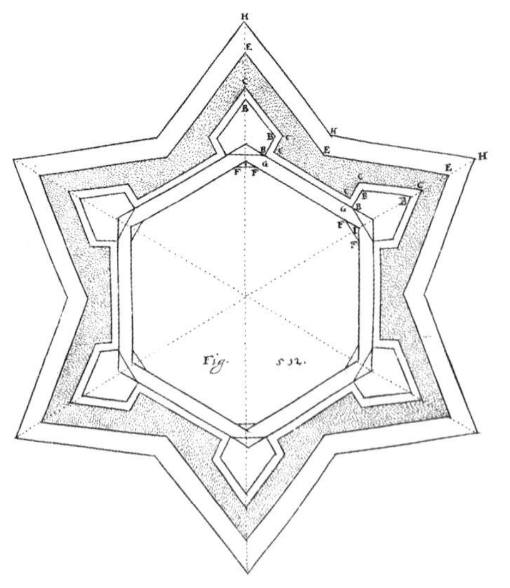

Festungsgrundriss: *Cursus mathematicus*, zu S. 493 (Ausschnitt aus Iconismus XXVI)

## Anmerkungen

[1] Max Semrau: Nikolaus Goldmann. In: Friedrich Andreae, Max Hippe, Pasul Knötel, Otfried Schwarzer (Hgg.): Schlesische Lebensbilder, Schlesier des 17.–19. Jahrh. Bd. 3. Sigmaringen [2]1985, S. 54–60.

[2] Jeroen Goudeau: Nicolaus Goldmann [1611–1665] en de wiskundige architectuurwetenschap. Groningen 2005.

[3] Nikolaus Goldmann: Elementorum architecturae militaris. Leiden 1643.

[4] Nikolaus Goldmann: Vollständige Anweisung zu der Civil-Bau-Kunst. Hg. von Leonhard Christoph Sturm. Wolfenbüttel 1696.

[5] Kaspar Schott: Mathesis Caesarea. Würzburg 1662.

[6] Vitruv. Zehn Bücher über Architektur. Übers. v. Curt Fensterbusch. Darmstadt [5]1996.

[7] Vignola, Regola delli cinque ordini d'architettura. Rom 1562.

[8] Nikolaus Goldmann: Tractatus de stylometris. Leiden 1662, Fig. 8.

[9] Bernhard Sicken: Dreißigjähriger Krieg (1618–1648). In: Ulrich Wagner (Hg.): Geschichte der Stadt Würzburg, Bd. II, Stuttgart 2004, S. 101–125.

[10] Kaspar Schott: Cursus mathematicus, Liber XXII. Würzburg 1661.

[11] Kaspar Schott: Organum mathematicum, Liber III. Würzburg 1668.

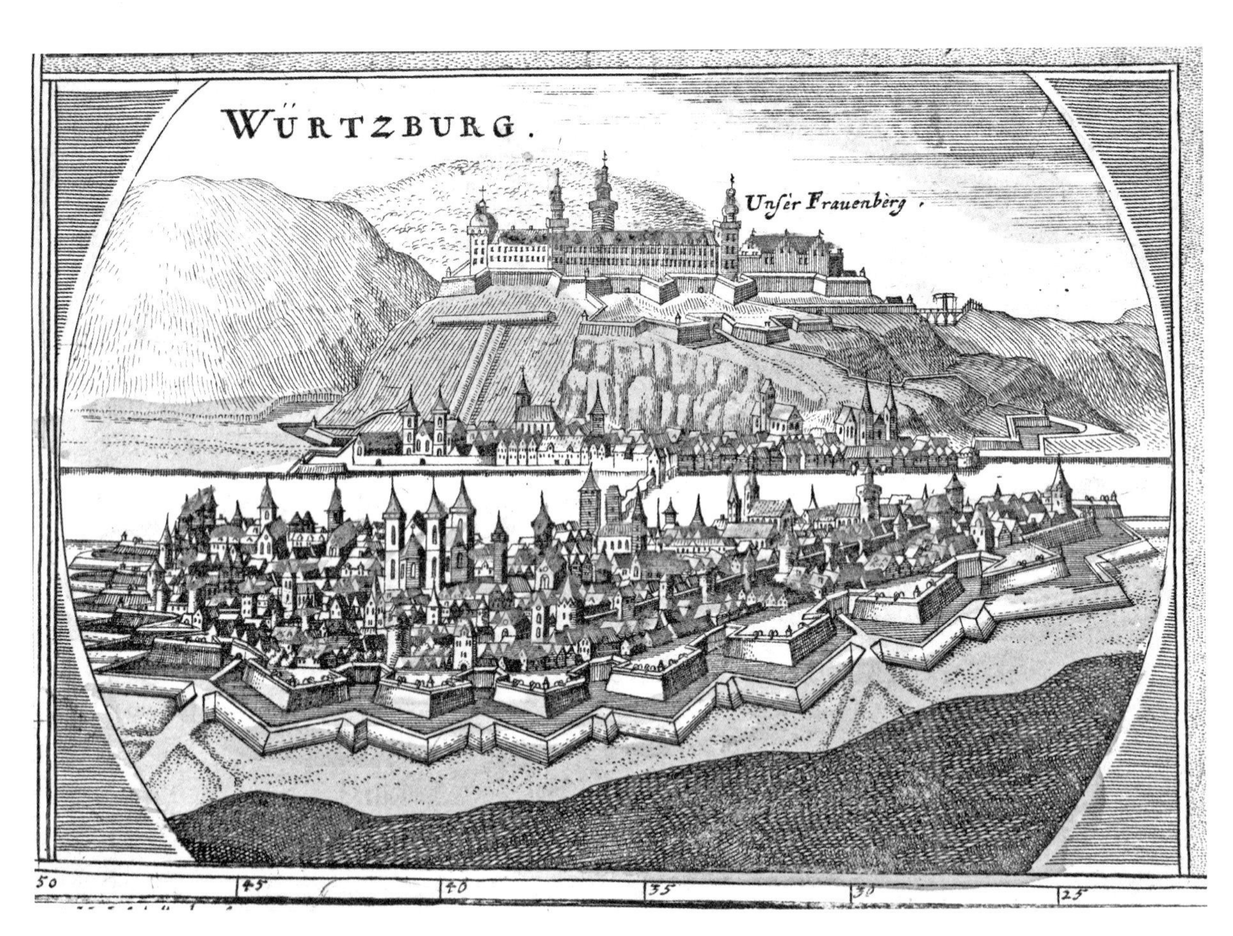


Barocke Bastionen in Würzburg, Ansicht der Stadt: Ausschnitt aus dem Kupferstich *Das Bisthum Würtzburg in Franken* von HANS J. SCHOLLENBERGER, 1676.

# Schott und die Naturwissenschaften

*Hans-Joachim Vollrath*

## Naturwissenschaften

Zur Zeit Schotts waren die Naturwissenschaften noch nicht so klar umrissen wie heute. Aus heutiger Sicht befasst sich Schott mit folgenden Bereichen: *Astronomie, Physik, Geographie, Geologie* und *Zoologie*. Vom Umfang her dominiert in seinem Werk die Physik mit *Mechanik*, *Hydrostatik, Aerostatik, Optik, Akustik* und *Magnetismus*.

*Magia universalis naturae et artis I*: Frontispiz

## Missverständliche Buchtitel

Viel Physik findet sich in SCHOTTS *Magia universalis naturae et artis* (1657–1659).[1] Keine Physik findet sich dagegen in seiner *Physica curiosa* (1662).[2] SCHOTT will in seiner *Magia* die Wunder der Natur verständlich machen, so dass man damit Wunderbares schaffen kann. Er sagt: „Natürliche Magie nenne ich ein verborgenes Wissen um die Geheimnisse der Natur …“[3] „Künstliche Magie nenne ich eine Kunst oder Fähigkeit, etwas Wunderbares durch menschlichen Fleiß herzustellen …“[4] Das klingt nicht gerade gefährlich. Er war sich aber dessen bewusst, dass einige Zeitgenossen am Titel seines Werkes Anstoß nehmen könnten. Deshalb erwog er zeitweise, als Titel „Thaumaturgus Physico-Mathematicus“ („Mathematisch-physikalische Wunder“) zu wählen, verwarf ihn aber wieder, weil er den anderen bereits mehrfach angekündigt hatte.[5] Das Frontispiz stimmt den Leser auf diese Sicht ein.

*Physica curiosa*: Frontispiz

Die große Zahl der verschiedenartigen Instrumente zur Optik, Akustik und Landvermessung weist auf einige wichtige Themen der *Magia universalis* hin, macht aber auch deutlich, dass Experimente im Wissenschaftsverständnis von KASPAR SCHOTT eine wichtige Rolle spielen.
SCHOTT verstand seine *Physica curiosa* als Fortsetzung seiner *Magia universalis naturae et artis*, was bereits im Untertitel deutlich wird: *Mirabilia naturae et artis*. Doch dominiert hier das Geheimnisvolle, das Außergewöhnliche, das Monströse. Nach dem Verständnis des Barock konnte freilich gerade das Außergewöhnliche neue Erkenntnis in der Natur vermitteln. Das Werk handelt von Engeln, Dämonen, Visionen, Fabelwesen und Missgeburten sowie unbekannten Tieren. Bereits das Titelblatt gibt dem Leser einen Vorgeschmack von dem, was ihn erwartet.

### Die Naturwissenschaften in der Magia universalis naturae et artis

Der erste Teil der *Magia universalis* behandelt die *Optik*, der zweite Teil die *Akustik*, der dritte Teil die *Mechanik*, die *Hydrostatik* und *Aerosta-*

Experimente zum Magnetismus: *Magia universalis IV,* zu S. 347 (Ausschnitt aus Iconismus X)

*tik*, der vierte Teil den *Magnetismus*. Alle diese Gebiete sind für SCHOTT Mathematische Wissenschaften, die er axiomatisch aufbaut. Das betrifft aber nur die Grundlegung. Im Detail entfaltet er einen bunten Kosmos von interessanten Naturphänomenen, Maschinen, Erfahrungen, Erklärungen und kontroversen Meinungen.

Uns droht die Vielfalt der Sachverhalte und Meinungen zu verwirren. Wo wir heute eindeutige Erklärungen gewohnt sind, muss sich der Leser bei SCHOTT mit verschiedenen Ansichten unterschiedlicher Autoritäten auseinandersetzen. Das ist einerseits ARISTOTELES, aber auch die Bibel, andererseits sind es die vielen Gelehrten bis zu den Zeitgenossen von KASPAR SCHOTT, zu denen natürlich ATHANASIUS KIRCHER gehört. Nachdem SCHOTT nacheinander die Ansichten der Gelehrten dargestellt hat, äußert er meist auch seine Ansicht, ohne immer klar Stellung zu beziehen. Beim Lesen wird uns deutlich, dass unsere ausgefeilten Theorien, lebendige Diskussionen, die zu ihnen geführt haben, verbergen. Einerseits sind wir reicher, andererseits vielleicht auch ärmer.

Im *Cursus mathematicus* (1661) findet sich viel Naturwissenschaftliches aus der *Magia universalis naturae et artis* (1657–1659) und aus der *Mechanica hydraulico-pneumatica* (1657). Aber die Axiomatik ist gestraffter, die Darstellung ist nun nicht mehr so vieldeutig, sondern vermittelt ein klareres Bild. Zudem kommen auch Geographie und Astronomie hinzu.

## Die großen naturwissenschaftlichen Probleme

In der *Magia universalis* setzt sich SCHOTT mit den großen naturwissenschaftlichen Problemen seiner Zeit auseinander: das Sehen und die Natur des Lichts, das Hören und die Natur des Schalls. In der *Mechanica hydraulico-pneumatica* (1657) und in der *Technica curiosa* (1664) befasst sich SCHOTT in der Auseinandersetzung mit OTTO VON GUERICKE (1602–1686) mit dem Problem des Vakuums. In der *Anatomia physico-hydrostatica fontium ac fluvium* (1663) betreibt er geologische Studien und versucht, den Ursprung der Quellen und Flüsse zu klären. Dabei stellt er interessante Überlegungen über die Nilquellen an. In der Astronomie des *Cursus mathematicus* geht er auf die Kosmologie ein.

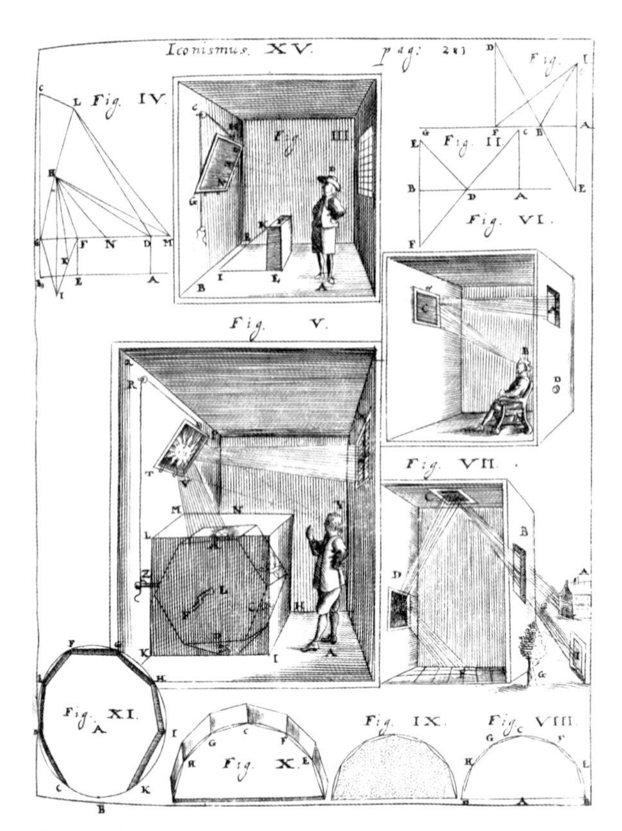

Projektionsapparate: *Magia universalis* I, zu S. 281 (Iconismus XV)

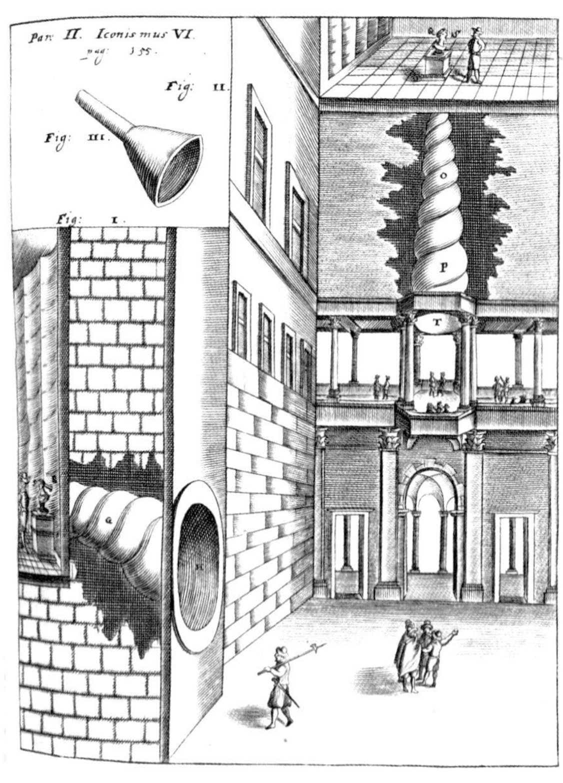

Abhöranlage: *Magia universalis* II, zu S. 155 (Iconismus VI)

Hier bleibt er in den Denkweisen seiner Zeit und in den Begrenzungen seiner Kirche befangen. Als ein Hindernis beim Gewinnen naturwissenschaftlicher Erkenntnis erweist sich – wie bei ATHANASIUS KIRCHER – sein unmittelbares Studium der realen Natur, die für eine moderne Theoriebildung zu komplex ist. Andererseits sieht er noch Phänomene, die den experimentell Forschenden zunächst verborgen bleiben und erst gegen Ende des 19. Jahrhunderts mit psychologischen Forschungen wieder in den Blick genommen werden, wie zum Beispiel die unterschiedlichen Sinneseindrücke.

## Experimente

Doch auch bei SCHOTT werden Naturphänomene in der Regel durch eine Folge von Experimenten dargestellt. Sie bilden die Grundlagen der Theorien und liefern in der Diskussion unterschiedlicher Hypothesen die entscheidenden Argumente und Gegenargumente. Er wiederholt Experimente, die an anderem Ort und zu anderer Zeit durchgeführt worden sind in der Überzeugung: „Die Natur ist sich nämlich immer und überall ähnlich.“[6]

Er selbst führte in Würzburg die Vakuum-Experimente von OTTO VON GUERICKE durch und setzte sich kritisch mit den damals gängigen Hypothesen zum Vakuum auseinander. Hier folgte er – letztlich im Widerspruch zu seinem Lehrer KIRCHER, den er vergeblich zu überzeugen suchte – seinem Briefpartner OTTO VON GUERICKE.

Für die Forschung an der Universität Würzburg bedeuten SCHOTTS Experimente einen Fortschritt. Dabei soll nicht verschwiegen werden, dass die Vakuumexperimente etliche Tiere das Leben kosteten. Doch ist dabei zu bedenken, dass Tiere nach dem Verständnis der damaligen Zeit „Sachen“ waren.

## Literatur


Unverzagt, Dietrich: Philosophia, Historia, Technica. Caspar Schotts Magia Universalis. Berlin 2000.

Volk, Otto: Mathematik, Astronomie und Physik in der Vergangenheit der Universität Würzburg. In: Peter Baumgart (Hg.): Vierhundert Jahre Universität Würzburg. Neustadt an der Aisch 1982, S. 751–785.


## Anmerkungen

[1] Kaspar Schott: Magia universalis naturae et artis, I–IV. Würzburg 1657–1659.

[2] Kaspar Schott: Physica curiosa. Würzburg 1662.

[3] Kaspar Schott: Magia universalis naturae et artis, I. Würzburg 1657, S. 19.

[4] Ebd., S. 22.

[5] Ebd., S. 8–9.

[6] Kaspar Schott: Technica curiosa. Würzburg 1664, S. 316.

Vakuum-Versuche: *Technica curiosa*, zu S. 9 (Iconismus II)

# Schott und Otto von Guericke

*Hans-Joachim Vollrath*

### Briefwechsel

Der *Luftdruck* und das *Vakuum* waren bis in die Mitte des 17. Jahrhunderts wissenschaftlich umstritten. Die Klärung gelang OTTO GUERICKE mit seinen Versuchen zum Vakuum. Dass seine Versuche und deren Deutungen bekannt wurden, verdankte er im Wesentlichen den Veröffentlichungen von KASPAR SCHOTT.

SCHOTT führte seit 1656 einen lebhaften Briefwechsel mit GUERICKE. So konnte er erstmals im Anhang seiner *Mechanica hydraulico-pneumatica* (1657) von GUERICKES Experimenten berichten.[1] Eine ausführliche Darstellung gab er dann in seiner *Technica curiosa* (1664).[2] Dort findet sich auch das berühmte Bild über die Vorführung der Magdeburger Halbkugeln.

SCHOTT berichtet aber auch über systematische Versuche, die er eindrucksvoll illustriert, die jedoch im Schatten der spektakulären Vorführungen bleiben.

Durch SCHOTTS Veröffentlichungen wurden ROBERT BOYLE (1627–1691) und CHRISTIAAN HUYGENS (1629–1695) auf GUERICKE aufmerksam und knüpften an dessen Erfindungen und Versuche an.

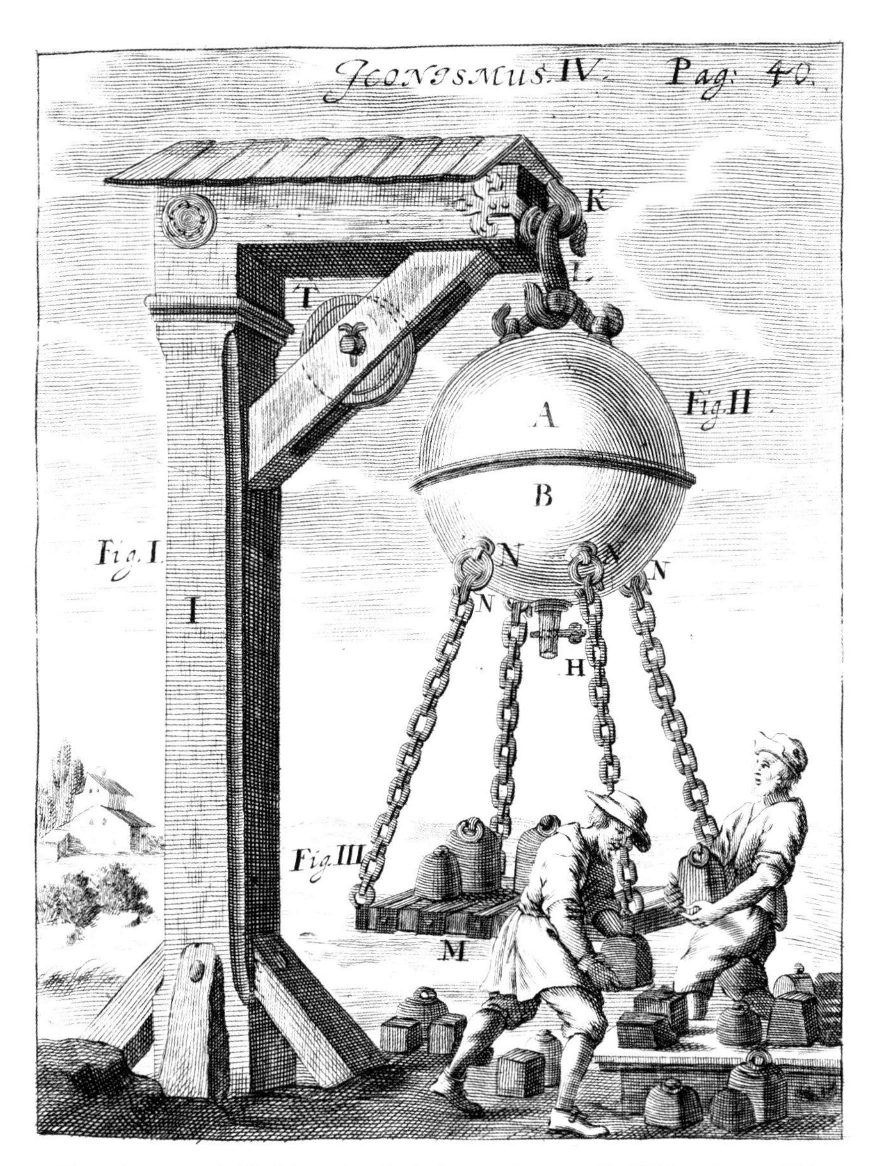


Experimente mit Halbkugeln: *Technica curiosa,* zu S. 40 (Iconismus IV)

## Otto von Guericke

OTTO GUERICKE wurde 1602 in Magdeburg geboren und studierte in Leipzig, Helmstedt, Jena und Leiden. Er arbeitete zunächst als Ingenieur. 1646 wurde er Bürgermeister von Magdeburg.

OTTO VON GUERICKE (1602–1686)

1654 konnte GUERICKE auf dem Reichstag in Regensburg mit der von ihm erfundenen Luftpumpe die Eigenschaften des Luftdrucks an Glasgefäßen zeigen. Fürstbischof JOHANN PHILIPP VON SCHÖNBORN war von den Versuchen so beeindruckt, dass er die Geräte sogleich kaufte und später SCHOTT beauftragte, die Versuche auf der Festung Marienberg zu wiederholen.

Großes Aufsehen in der Öffentlichkeit erregten 1657 GUERICKES Vorführungen mit den *Magdeburger Halbkugeln*. 12 Pferde waren nicht in der Lage, die Halbkugeln auseinander zu ziehen. Ein Kind brauchte nur den Hahn zu öffnen, so dass Luft einströmen konnte, und konnte dann die Halbkugeln trennen.

OTTO GUERICKE wurde ein berühmter Mann. 1666 wurde er in den Adelsstand erhoben. SCHOTT ermutigte ihn, selbst über seine Forschungen zu berichten. 1663 kann OTTO VON GUERICKE die Arbeiten an seinem Manuskript über seine Experimente zum Vakuum abschließen. Doch erst 1672 erscheint sein Hauptwerk mit dem Titel *Experimenta nova de vacuo spatio*. 1686 starb er in Hamburg.[3]

Fürstbischof JOHANN PHILIPP VON SCHÖNBORN (1605–1673)

## Das Problem des Vakuums

Seit dem Altertum war man überzeugt, dass es kein Vakuum geben könne. Den *Sog* beim Entleeren von Gefäßen erklärte man unter dem Einfluss von ARISTOTELES mit dem geheimnisvollen „horror vacui" („Furcht vor dem Vakuum"). OTTO VON GUERICKE machte klar, dass sich die beobachteten Widerstände mit dem *Druck* der Luft erklären lassen. KASPAR SCHOTT hatte wie sein Lehrer ATHANASIUS KIRCHER zunächst Zweifel an dieser Deutung, ließ sich dann aber von GUERICKE überzeugen. Auch seine eigenen experimentellen Erfahrungen trugen dazu bei.

Von der möglichen Existenz eines Vakuums war er jedoch – auch auf Grund praktischer Erfahrungen – nicht überzeugt.

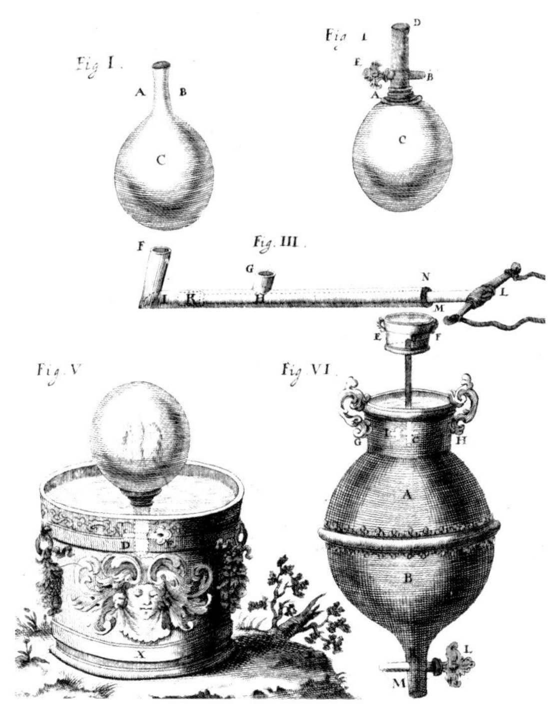

GUERICKES Apparatur: *Technica curiosa*, zu S. 8–9 (Iconismus I)

## Brückenschlag

OTTO VON GUERICKE war evangelisch. Das hinderte den Jesuiten KASPAR SCHOTT auch nach den Schrecken des Dreißigjährigen Krieges nicht daran, mit ihm zu korrespondieren und sein Werk zu fördern. Der Briefwechsel ist voller Zeichen gegenseitiger Hochachtung und Anteilnahme. Dabei verbindet sie auch der gemeinsame Glaube an einen persönlichen Gott, der um das Wohl des Menschen besorgt ist. So schließt OTTO VON GUERICKE einen Brief vom 22. Juli 1656 an KASPAR SCHOTT mit den Worten: „uns beide aber empfehle ich von ganzem Herzen dem Schutz des allmächtigen Gottes ...“. [4]

## Literatur

Guericke, Otto v.: Neue Magdeburger Versuche über den leeren Raum. Hg. von Fritz Krafft, Düsseldorf (VDI) 1996.
Puhle, Matthias (Hg.): Die Welt im leeren Raum – Otto von Guericke 1602–1686. München (Deutscher Kunstverlag) 2002.

## Anmerkungen

[1] Kaspar Schott: Mechanica hydraulico-pneumatica. Würzburg 1657.
[2] Kaspar Schott: Technica curiosa. Würzburg 1664.
[3] Matthias Puhle (Hg.): Die Welt im leeren Raum – Otto von Guericke 1602–1686. München 2002.
[4] Kaspar Schott: Technica curiosa. Würzburg 1664, S. 33.

Von GUERICKE verbesserte Versuchsanlage: *Technica curiosa*, zu S. 67 (Iconismus VII)

# Schotts Kosmologie

*Harald Siebert*

## Zur Entwicklung des heliozentrischen Weltbildes

Im Jahre 1543 wurden in Nürnberg die *Sechs Bücher über die Umdrehungen der Himmelsschalen* von Nicolaus Copernicus (1473–1543) gedruckt.

Nicolaus Copernicus (1473–1543); gestochen von C. Barth, 19. Jahrh.

Es war sein Hauptwerk, das noch in seinem Todesjahr erschien und das heliozentrische Weltbild begründete.

Ein heliozentrisches Weltbild war freilich schon in der Antike vorgebracht worden: Aristarch von Samos (3. Jh. v. Chr.) hatte für seine neue Lehre aber keine nennenswerte Unterstützung gefunden. Unser Weltbild verdanken wir Copernicus, der die Sonne wieder zum Zentralgestirn machte, um das sich alle anderen Planeten, darunter auch die Erde, drehten.
Mit seinem heliozentrischen System sollte Copernicus zwar schließlich Erfolg haben. Doch bis ins 17. Jahrhundert hielt man weitestgehend noch die Erde für den Mittelpunkt der Welt.
Diese geozentrische Vorstellung ging auf den antiken Kosmologen, Physiker und Mathematiker Klaudios Ptolemaios (2. Jh. n. Chr.) zurück. Das ptolemäische System stimmte nicht nur mit den biblischen Berichten überein, sondern durfte, dem Kenntnisstand der Zeit entsprechend, wissenschaftlich als gesichert gelten.
Die Lehre des Copernicus blieb allerdings nicht die einzige Neuerung in der Kosmologie des 16. Jahrhunderts. Die Supernova von 1572 sowie die Kometenerscheinungen der folgenden Jahre ermöglichten es, eine alte Vorstellung aufzugeben, der auch Copernicus noch angehangen hatte: die kristallinen Sphären oder Schalen, auf denen die Himmelskörper sitzend bewegt würden. Damit war das aus dem Mittelalter überlie

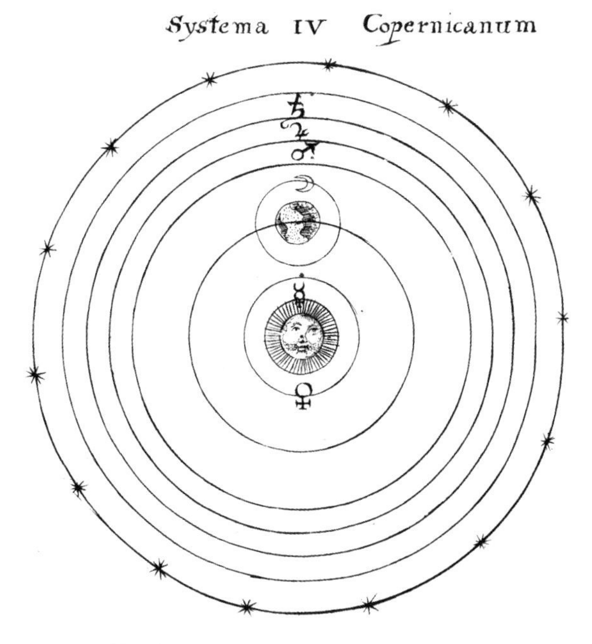


Kopernikanisches Weltbild: *Cursus mathematicus*, zu S. 262 (Iconismus V)

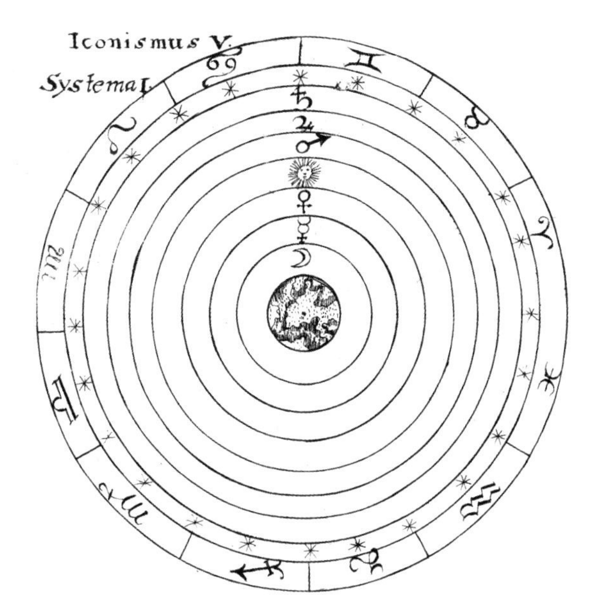


Ptolemäisches Weltbild: *Cursus mathematicus*, zu S. 262 (Iconismus V)

ferte Schalenmodell des Kosmos empirisch widerlegt. Maßgeblich Anteil daran hatte der bedeutendste Astronom seiner Zeit, der Däne TYCHO BRAHE (1546–1601).

TYCHO BRAHE (1546–1601);
Stich von H. P. HANSEN 1871

Dank dieser Beobachtungen konnte er eine neue Anordnung der Himmelskörper entwerfen: Demnach bewegten sich alle Planeten um die Sonne, diese selbst aber mit allen zusammen um die Erde. Dieses geo-heliozentrische System stellte eine Mischform aus dem bislang anerkannten Weltbild des PTOLEMAIOS und dem neuen des COPERNICUS dar.

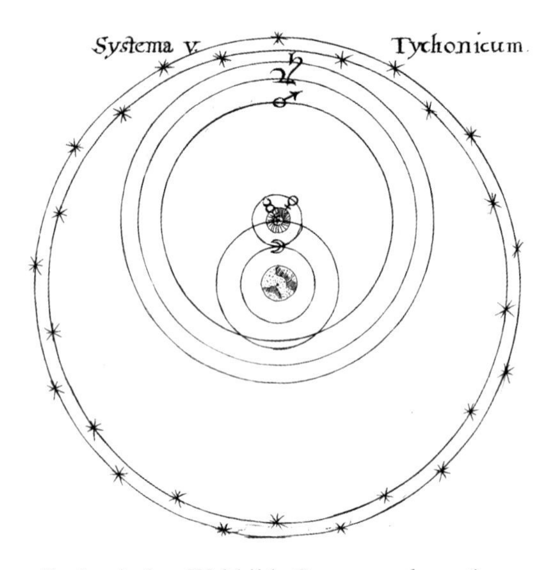


Tychonisches Weltbild: *Cursus mathematicus*, zu S. 262 (Iconismus V)

TYCHO BRAHE hielt an der Ruhestellung der Erde fest, weil er keinen Beweis für deren Bewegung finden konnte. Obwohl er in der Lage war, die Sternpositionen so genau zu vermessen wie niemand vor ihm, vermochte er keine *Fixsternparallaxe* festzustellen: Sollte sich die Erde um die Sonne bewegen, dann müssten sich aus unserer Sicht die Sterne nach sechs Monaten leicht verschoben darstellen (ähnlich Gegenständen, die vor unserem Gesicht scheinbar springen, wenn wir sie abwechselnd nur mit dem einen, dann mit dem anderen Auge ansehen). Diesen Einwand hatte schon PTOLEMAIOS gegen ARISTARCH von Samos vorgebracht. Und auch COPERNICUS war er bekannt.
Um das Ausbleiben einer parallaktischen Verschiebung zu erklären und seinen neu vorgebrachten Heliozentrismus zu verteidigen, nahm COPERNICUS daher an, dass die Parallaxe viel zu klein sein müsse, um entdeckt zu werden. Die Sterne lägen nämlich unvorstellbar weit von uns entfernt. COPERNICUS sollte mit dieser Begründung Recht behalten. Doch ließ sich zu seiner Zeit die wirkliche Entfernung der Sterne genauso wenig bestimmen wie die Fixsternparallaxe selbst. Beides gelang erst drei Jahrhunderte später, als der Königsberger Astronom FRIEDRICH WILHELM BESSEL (1784–1846) die Parallaxe eines Sterns entdeckte.

### Die kosmologische Kontroverse

Zwei Generationen lang dauerte es, bis das kopernikanische System entschiedene Reaktionen auf Seiten der katholischen Kirche hervorrief. Auf Ablehnung war es schon zuvor bei Katholiken wie bei Protestanten gestoßen. MARTIN LUTHER (1483–1546) selbst hatte sich abschätzig über COPERNICUS, „jenen Umwälzer der Astronomie", geäußert.[1]
Die kopernikanische Lehre wurde durch päpstlichen Erlass im Jahre 1616 erstmals verboten, weil sie den Aussagen der Bibel widerspreche. Mit dem geo-heliozentrischen System des Protestanten TYCHO BRAHE war bereits eine Alternative im Umlauf. Es hatte unter Jesuiten noch vor dem Verbot des kopernikanischen seine Anhänger gefunden, und dies nicht nur in Rom, dem Zentrum jesuitischer Ordenspolitik und Wissenschaft, sondern auch in Mainz, der Oberrheinischen Provinz.
Dagegen durfte das ptolemäische System zu diesem Zeitpunkt bereits als widerlegt gelten. Eben dieses Fazit zog 1611 der jesuitische Chefmathematiker am *Collegium Romanum* und Leiter der Gregorianischen Kalenderreform, CHRISTOPH CLAVIUS (1538–1612). Mit Hilfe des kurz

zuvor erfundenen Teleskops war nämlich zu beobachten gewesen, dass Venus ähnlich unserem Mond Phasen aufwies. Diese ließen sich aber nur dann erklären, wenn Venus nicht wie im ptolemäischen Weltbild um die Erde, sondern um die Sonne lief, gemäß den Systemen des NICOLAUS COPERNICUS und des TYCHO BRAHE.

Über die Phasen der Venus schreibt KASPAR SCHOTT:

„Als mit Beginn des Jahrhunderts [...] die Astronomen ihre Rohrlinsen in den Himmel richteten, entdeckten sie unter den vielen völlig unbekannten Phänomenen auch, [...] dass die Venus ohne Zweifel Phasen ähnlich denen des Mondes aufweist [...] Aus diesem Phänomen schlossen die Astronomen, dass sich die Venus [...] um die Sonne sowie um sich selbst dreht."[2]

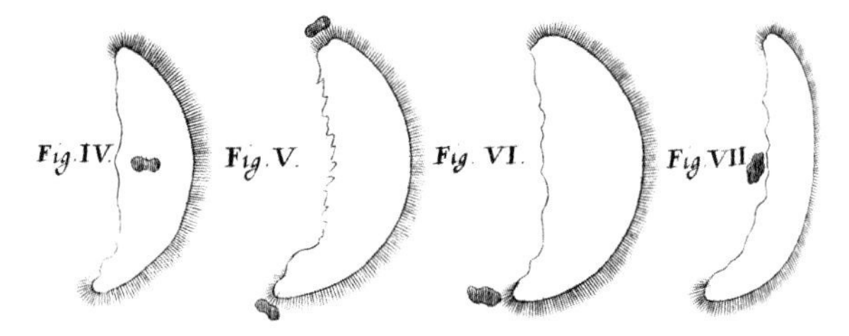


Die Phasen der Venus: *Iter ex[s]taticum coeleste*, zu S. 133 (Iconismus V)

Uns heute scheint TYCHOS Weltbild wie auch die Unterstützung, die er dafür fand, nur mehr schwer erklärlich. Denn darin wird die viel größere Sonne zusammen mit allen übrigen Planeten um die kleine Erde bewegt.

JOHANNES KEPLER (1571–1630); gestochen von C. BARTH, 19. Jahrh.

Uns ist die Vorstellung einer massebedingten Anziehungskraft selbstverständlich, während sie dem 17. Jahrhundert als kühne Neuerung galt, die NEWTON 1687 vorbrachte. NEWTON wurde noch im 18. Jahrhundert wegen dieser ominösen neuen Fernkraft kritisiert, die sein Gesetz der allgemeinen Gravitation voraussetzt.

Denn die einzig bekannte Kraft, die ohne Druck und Stoß zu wirken schien, war bis dahin der Magnetismus. Diesen aber hatte bereits JOHANNES KEPLER (1571–1630) vergeblich zur kosmischen Anziehungskraft seines harmonisch geordneten kopernikanischen Weltsystems zu machen versucht. Denn KEPLERS kosmischer Magnetismus ließ sich erfolgreich durch Experimente entkräften, und dies wurde maßgeblich von jesuitischen Wissenschaftlern geleistet.

Nachdem die kopernikanische Lehre durch die katholische Kirche verboten war, blieb dem Jesuiten SCHOTT keine andere Wahl. Er musste sich dem Erlass des Papstes fügen, zumal die Mitglieder seines Ordens dem Papst besondere Treue schworen. Überdies bekräftigte Papst Urban VIII. das Verbot von 1616 nochmals, als GALILEO GALILEI (1564–1642) dagegen verstieß und im Jahre 1633 von der Inquisition verurteilt wurde. Im Streit um das richtige Weltbild konnte SCHOTT sich folglich nur den Anhängern des TYCHO BRAHE anschließen.

GALILEO GALILEI (1564–1642)

Tatsächlich bekennt sich SCHOTT zum tychonischen System, zumindest öffentlich. Wäre er kein Jesuit gewesen, hätte er zwischen den beiden konkurrierenden Hypothesen frei wählen können. Diese Möglichkeit blieb ihm verwehrt, und es kann spekuliert werden, ob SCHOTT heimlich vielleicht ein Anhänger des COPERNICUS war.

**Die Pattsituation in der kosmologischen Kontroverse**

Die Tychoniker bekamen aber nicht allein dadurch Zulauf, dass die katholische Kirche das

kopernikanische Weltbild verboten hatte. Gerade unter protestantischen Gelehrten, für die das päpstliche Verbot nicht bindend war, findet sich eine Reihe namhafter Astronomen, die das tychonische System vertraten.
Doch auch ein Wissenschaftler, der frei von Ordensdisziplin und päpstlichen Verboten war, hätte nicht unbedingt und selbstverständlich dem kopernikanischen Lager beitreten müssen. Denn leicht wird heute übersehen, dass es zu Lebzeiten SCHOTTS noch gar keinen Beweis für die Richtigkeit des heliozentrischen Weltbildes gab. Beide Hypothesen über die Welt, die kopernikanische wie die tychonische, waren mathematisch gleichwertig und konnten die bis dahin bekannten Himmelsphänomene gleichermaßen gut erklären. Manch ein Gegner des tychonischen Systems kritisierte dieses dahingehend, dass es im Grunde nur das invertierte Weltbild des COPERNICUS darstelle, wobei die Umlaufbahn von Erde und Sonne lediglich vertauscht seien (vgl. die Abbildungen oben).

TYCHO gegen COPERNICUS: GIAMBATTISTA RICCIOLI, *Almagestum novum*, Frontispiz (Ausschnitt).[3]

Trotz der Leistungen eines KEPLER, eines GALILEI, blieb die kosmologische Frage lange offen, weil der wissenschaftliche Beweis fehlte, um sie zu entscheiden. In aller Deutlichkeit formulierte dies fast ein Jahrzehnt nach SCHOTTS Tode ROBERT HOOKE (1635–1703). Als Anhänger des COPERNICUS und prominentestes Mitglied der Londoner *Royal Society* beschrieb er den wissenschaftlichen Stand in der kosmologischen Kontroverse im Jahre 1674 gleichsam als eine Art Pattsituation: Darin habe bislang die eine wie die andere Seite lediglich ihre guten Gründe vorgebracht, ohne dass ein Beweis gefunden sei, um zwischen beiden Hypothesen zu entscheiden.[4]
In Ermangelung eines wissenschaftlichen Beweises blieb es bei bloßen Argumenten für die eine oder andere Seite. In RICCIOLIS Darstellung wiegen die Gründe für TYCHO schwerer, während PTOLEMAIOS bereits abgeschlagen (links unten) am Boden liegt.

### Kaspar Schotts Darstellung der Weltsysteme im Cursus mathematicus

Dementsprechend finden wir in SCHOTTS *Cursus mathematicus* beide Weltbilder dargestellt, die miteinander konkurrierten.[5] SCHOTT enthält sich dabei jeglicher Polemik gegen das heliozentrische System. Er beschreibt es nicht weniger ausführlich als das tychonische oder das ptolemäische, deren Varianten er ebenfalls vorstellt. Seine Einschätzung zu COPERNICUS liefert SCHOTT aber gleichfalls in seinem für mathematische Neulinge gedachten Werk. Er hält darin fest, dass mehr gute Gründe gegen eine Bewegung der Erde sprächen als dafür.[6] Die kopernikanische Lehre finde aber auch deshalb nicht seine Zustimmung, weil sie von der katholischen Kirche verurteilt worden sei. Denn sie stehe in Widerspruch zur Heiligen Schrift – SCHOTT zitiert hier sogar den Text der Indexkongregation. Deshalb untersagten die päpstlichen Erlasse von 1616 und 1633, das heliozentrische System anders zu vertreten als im Sinne einer bloßen Hypothese.[7]
Dessen ungeachtet geht SCHOTT im *Cursus mathematicus* auf die verschiedenen Arten der Erdbewegung ein und führt deren namhafte Vertreter an.[8] SCHOTT unterscheidet eine jährliche Bewegung der Erde um die Sonne (*primus motus*), eine tägliche um die eigene Achse (*secundus motus*) und eine Art Ausgleichsbewegung (*tertius motus*). Letztere bezeichnet SCHOTT als ein unmerkliches Trippeln (*trepidatio*). Infolge geologischer Veränderungen verschiebe sich der Schwerpunkt des Erdkörpers und, indem dieser sich wieder mit dem Zentrum der Welt in Deckung bringe, komme es zu einem leichten Schwanken (*titubatio*) desselben. Unter den Vertretern dieser Ausgleichsbewegung kann SCHOTT sogar seinen Freund und einstigen Lehrer ATHANASIUS KIRCHER (1602–1680) aufzählen.[9] SCHOTT selbst indessen pflichtet denjenigen bei, die auch

diese kleinste Erdbewegung für völlig ausgeschlossen halten. Zu diesen zählt er auch den bedeutendsten Astronomen in der Mitte des 17. Jahrhunderts, seinen Ordensbruder GIAMBATTISTA RICCIOLI (1598–1671).

Vor dem Hintergrund des Patts in der kosmologischen Kontroverse betonte SCHOTT, was ungeachtet dessen die Anhänger beider Lager verbinden konnte. Bildlich kommt dies auf dem Frontispiz zum Ausdruck, das er für ein Buch seines Freundes ATHANASIUS KIRCHER anfertigen ließ (s. Abb. unten). Deutlich zeigt sich hierauf, dass die Abfolge der Himmelskörper im kopernikanischen und tychonischen System identisch ist. Die Streitfrage, ob Sonne oder Erde im Mittelpunkt der Welt liegen, wird dagegen entschärft. Zum einen tritt dieser Gesichtspunkt schon dadurch in den Hintergrund, dass die schiere Größe des Kosmos, die den Rahmen der Abbildung sprengt, keinen eindeutigen Mittelpunkt mehr erkennen lässt. Zum anderen sitzen Erde und Sonne gleichsam in den Brennpunkten der elliptisch dargestellten Planetenbahnen von Jupiter und Saturn. Es bleibt auch deshalb unklar, wer das Zentrum einnimmt, weil nicht nur die Erde keine Umlaufbahn hat. Selbst die tychonische Umlaufbahn der Sonne ist lediglich gestrichelt eingezeichnet, als ob es sich hierbei um eine bloße Hypothese handelte. SCHOTT liefert eine kosmologische Abbildung, in der die heikle wissenschaftlich ungelöste Frage, wer sich um wen bewegt, ob Erde oder Sonne ruht, nicht als ein für allemal entschieden dargestellt wird.

Frontispiz der von Schott besorgten Würzburger Ausgabe der „Ekstatischen Reise“

## Neue astronomische Entdeckungen

Ungeachtet ihrer kosmologischen Zugehörigkeit durften sich SCHOTTS Zeitgenossen aber darin einig und verbunden fühlen, dass sie zur ersten Generation einer neuen Astronomie zählten. Diese nahm ihren Anfang im Jahre 1608, als das Teleskop erfunden wurde. Seit tausenden von Jahren hatten bis dahin Astronomen immer nur mit bloßem Auge forschen können. Die Menschen des 17. Jahrhunderts überwanden erstmals die von Natur gesetzte Grenze sinnlicher Wahrnehmung. Durch das Fernrohr bekamen sie einen unbekannten Himmel zu sehen. Von diesen bislang unsichtbaren Phänomenen, die nie zuvor ein Astronom zu Gesicht bekommen konnte, berichtete erstmals der *Sternenbote*, den GALILEI 1610 veröffentlichte (lat.: *Sidereus nuncius*, Venedig). Dieses Werk löste allgemein Begeisterung aus. Über die Lager des Weltbildstreits hinweg wurde diese Möglichkeit, ganz neue Beobachtungen zu machen, aufgegriffen. Die Astronomen eilten von Entdeckung zu Entdeckung und dürften davon mehr gemacht haben, als sich drucken und veröffentlichen ließ.
Über die Beobachtungen der Mondoberfläche schreibt SCHOTT:

„Dass der Mond mit Flecken übersäht ist, zeigt sich mit bloßem Auge [...] Neu nennen wir die kleineren, nicht ohne Teleskop zu sehenden, die vielfältig sich unterscheiden in Größe, Form, Lage, Hell- und Dunkeltönen, nach Wechsel von Licht und Schatten [...] ihren Grund sieht man in der Unebenheit der von Bergen und Tälern zerklüfteten Mondoberfläche. [...] Damit steht fest, dass der Mond keine geometrische Kugel ist."[10]

Die Mondoberfläche: *Iter ex[s]taticum coeleste*, zu S. 64 (Iconismus III)

Im *Cursus mathematicus* stellt SCHOTT die wichtigsten Ergebnisse der jüngeren Astronomie seit TYCHO BRAHE zusammen.[11] Darunter die nun fast einhellige Auffassung, dass es nichts Festes im Himmel gebe, wodurch Sterne und Planeten getragen oder bewegt würden. Eindrucksvoll Erwähnung finden aber auch die vielen neuen Sterne, die dank des Teleskops gesehen werden können.[12]

## Literatur

Lerner, Michel-Pierre: L'entrée de Tycho Brahe chez les jésuites ou le chant du cygne de Clavius, in: Luce Giard (Hg.), Les jésuites à la Renaissance. Système éducatif et production du savoir, Paris: Puf, 1995, S. 145–185.
Schott, Kaspar: Cursus mathematicus. Würzburg 1661.
Siebert, Harald: Die große kosmologische Kontroverse – Rekonstruktionsversuche anhand des Itinerarium exstaticum von Athanasius Kircher SJ (1602–1680), Stuttgart: Franz Steiner (‚Boethius', Bd 55) 2006.
Wolfschmidt, Gudrun: Der Weg zum modernen Weltbild, in: Gudrun Wolfschmidt (Hg.): Nicolaus Copernicus – Revolutionär wider Willen, Stuttgart: Geschichte der Natur, 1994, S. 9-69.

## Anmerkungen

[1] Gudrun Wolfschmidt, Der Weg zum modernen Weltbild, in: Gudrun Wolfschmidt (Hg.): Nicolaus Copernicus – Revolutionär wider Willen, Stuttgart: Geschichte der Natur, 1994, S. 45.
[2] Kaspar Schott (Hg.), Iter ex[s]taticum coeleste, Würzburg 1660, S. 131–132.
[3] Giambattista Riccioli, Almagestum novum, Bologna 1651, Frontispiz (Ausschnitt).
[4] Robert Hooke: An attempt to prove the motion of the earth, London 1674, S. 4.
[5] Kaspar Schott: Cursus mathematicus, Würzburg 1661, S. 262.
[6] Ebd., S. 241b–242b.
[7] Ebd., S. 243ab.
[8] Ebd., S. 242b–244a.
[9] Ebd. S. 234b.
[10] Kaspar Schott (Hg.): Iter ex[s]taticum coeleste, Würzburg, 1660, S. 64 (Iconismus III).
[11] Kaspar Schott: Cursus mathematicus, Würzburg 1661, S. 250a–256a.
[12] Ebd., S. 248b–250a.

# Schotts Beitrag zur Popularisierung der Astronomie

*Harald Siebert*

### Wissenschaftsdichtung im Iter exstaticum

Um die Errungenschaften dieser neuen Astronomie einem größeren Publikum vorzustellen, bot sich SCHOTT eine ganz besondere Gelegenheit. Zeitgleich zu seinen Arbeiten am *Cursus mathematicus* besorgte er die Neuausgabe eines Buches, das ATHANASIUS KIRCHER 1656 in Rom veröffentlicht und damit für einen Skandal gesorgt hatte. KIRCHERS *Ekstatischer Reisebericht* (lat.: *Itinerarium exstaticum*) ist eine auf Latein geschriebene Wissenschaftsdichtung.
In Form eines Dialoges erzählt sie eine Erkundungsreise durch den Weltraum. Sie führt den Leser zu allen bekannten Planeten und Monden, zu einzelnen Sternen und Sternensystemen bis ans Ende des Kosmos. KIRCHER hatte mit diesem Buch die erste eigentliche Weltraumreise der Science-Fiction-Literatur geschrieben (es werden alle Himmelsköper unseres Sonnensystems und sogar solche außerhalb desselben besucht und beschrieben). Dementsprechend groß war der Erfolg des Buches, von dem nur wenige Exemplare über die Alpen gelangten. SCHOTT bemühte sich daher um eine Neuauflage des Werkes insbesondere für den deutschsprachigen Raum, die 1660 in Würzburg unter dem Titel *Iter ex[s]taticum coeleste* (*Ekstatische Weltraumreise*) erschien.
Wohl eingedenk der Kritik, auf welche die römische Erstausgabe gestoßen war, bat KIRCHER seinen einstigen Schüler, das Buch zu überarbeiten. Dem Wunsche KIRCHERS, der für eine Neuauflage Kommentare und besonders Abbildungen vorschlug, kam SCHOTT mehr als reichlich nach. KIRCHERS „Ekstatischer Reisebericht" wurde so sorgfältig und ausgiebig überarbeitet, dass in der Würzburger Ausgabe fast die Hälfte der Seiten von SCHOTT selbst stammen. Neben den Kommentaren und Texterklärungen enthält dieses Buch im Buch Abbildungen der Planeten und Monde, astronomische Tabellen und Schemata. Auch über die Entstehung des Buches erfahren wir etwas. Demnach geht die Idee zu der Wissenschaftsdichtung auf jene Zeit zurück, als SCHOTT für KIRCHER in Rom arbeitete (von 1652 bis 1655) und sich beide auf abendlichen Spaziergängen angeregt und ausgiebig über die Natur des Himmels unterhielten.

### Schotts Einführung in die Astronomie und ihre Geschichte

Die SCHOTTsche Ausgabe des *Ekstatischen Reiseberichts* bietet ihren Lesern überdies eine zwanzigseitige „Einführung in Astronomie für Anfänger und wenig Fortgeschrittene".[1] Grundlegendes zum Verständnis der Himmelskunde wird darin zusammen mit neuen Erkenntnissen vermittelt, die erst das Teleskop ermöglicht hatte. Hierzu zählt die Natur der Himmelskörper. Unter Berufung auf die neuesten Mond-, Sonnen- und Planetenbeobachtungen tritt SCHOTT dafür ein, dass das gesamte Universum ausschließlich aus den von der Erde her bekannten vier Elementen bestehe. Einen eigenen, nichtphysikalischen Stoff (wie die *Quintessenz* des Aristoteles) könne es demnach nicht geben.[2]
Über die Sonnenoberfläche schreibt SCHOTT:

> „Als die Philosophen und Mathematiker der *Accademia dei Lincei* begannen ihre Teleskope auf die Sonne zu richten, entdeckten sie überaus häufig und deutlich auf deren Scheibe oder in deren Nähe gewisse schwärzliche Teile oder Schatten sowie kleine Stellen heller als die übrige Sonnenoberfläche und flammenzüngelnd gleichsam Fackeln; jene beliebte man Flecken, diese kleine Fackeln zu nennen."[3]

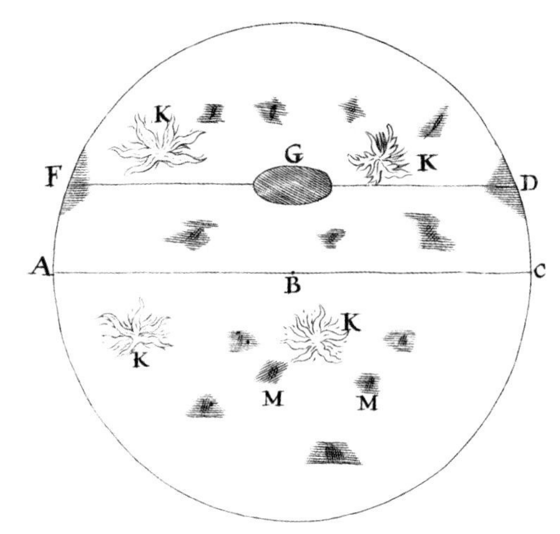


Die Sonnenoberfläche: *Iter ex[s]taticum coeleste*, zu S. 181 (Iconismus VII)

Von großer Bedeutung war des Weiteren die Erkenntnis, dass die Fixsterne nicht in einem mehr oder weniger dicken Band um unser System herumlägen, sondern in sehr verschieden großer Tiefe, also in einer räumlich eher verstreuten Anordnung. Dies ergab sich aus den neuen, erst durch das Teleskop sichtbar gewordenen Sternen. Laut SCHOTT habe man früher zwischen 1022 und 1709 Fixsterne gezählt, nun aber wisse man, dass es unzählige gebe. Dabei betont SCHOTT deren große Dichte in manchen Sternbildern wie dem Orion. Gerade dies konnte nahe legen, dass die Sterne sehr unterschiedlich tief im Raum verteilt lägen.[4] Von einem regelrechten Sternenraum, wie KIRCHER ihn angesichts dessen postuliert, spricht SCHOTT allerdings nicht.[5] Auch quittiert er KIRCHERS weitergehende Spekulationen über eine Eigenbewegung der Sterne nur mit Unverständnis.[6]
Die zahllos neu entdeckten Sterne luden dazu ein, eigene Konstellationen darin auszumachen: das „Schweißtuch der heiligen Veronika" will der Tiroler Astronom ANTONIUS MARIA SCHYRLEUS DE RHEITA (1604–1660)[7] gesehen haben.

„Schweißtuch der heiligen Veronika":
*Iter ex[s]taticum coeleste*, zu S. 335 (Iconismus XII)

Offenbar waren die Ergebnisse der neuen Astronomie sogar ein halbes Jahrhundert nach Erfindung des Teleskops noch längst nicht allgemein anerkannt oder überhaupt bekannt. Darauf weist bereits die Art der Kritik hin, auf die KIRCHERS Erstausgabe in Rom stieß. SCHOTTS überarbeitete Fassung verrät, wie viel die Latein-lesende Welt über den astronomischen Erkenntnisfortschritt ihrer Zeit nachzulernen hatte. Die Würzburger Ausgabe ist bemüht, den Leser in den Stand zu setzten, die wahrlich revolutionären Jahrzehnte seit Einführung des Teleskops nachzuvollziehen. Hierfür schickt SCHOTT jedem der beschriebenen Himmelskörper eine eigene Einleitung vorweg. Darin werden die Beobachtungen seit GALILEI vorgestellt und der derzeitige Kenntnisstand zusammengefasst. Was noch nicht als gesichert gelten konnte, spart SCHOTT dabei aus. So vertröstet er seine Leser auf eine späteres Buch, um nicht auf die jüngste von CHRISTIAAN HUYGENS (1629–1695) vorgebrachte Vermutung bezüglich des Saturn (dass dieser nicht von Monden, sondern einem Ring umgeben sei) eingehen zu müssen.[8]
Über die ungeklärte Natur der Saturnmonde schreibt SCHOTT:

„der Saturn besteht entweder aus drei Körpern, oder er ist äußerst lang gezogen, oder aber er wird aufs Engste von zwei Begleitern bzw. Trabanten ringsum gestützt, die bisweilen mit ihm zusammen einen länglichen Körper zu bilden scheinen, [...] bisweilen aber [...] wie kleine Henkel am Saturn hängen."[9]

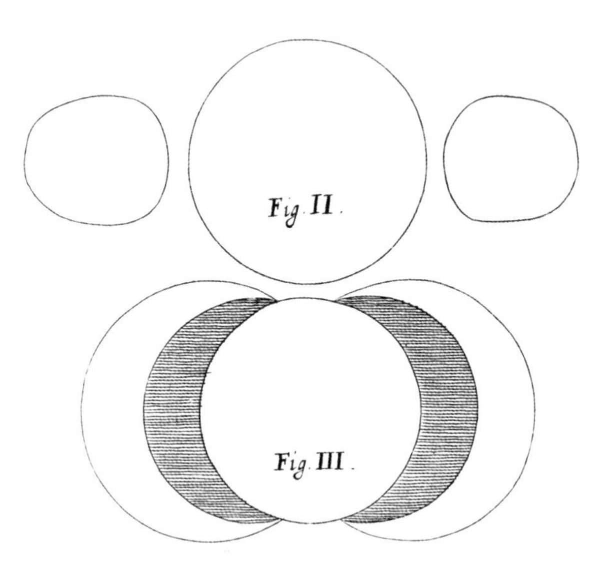


Saturnmonde: *Iter ex[s]taticum coeleste*, zu S. 301 (Iconismus XI)

Mit der Würzburger Ausgabe bietet SCHOTT seinen Lesern auch eine in Häppchen über das ganze Buch verteilte *Astronomiegeschichte*. Hierbei handelt es sich keineswegs um eine trockene Zusammenfassung. Höchst unterhaltsam werden die Entdeckungen seit GALILEI mit überholten Auffassungen aus vorteleskopischer Zeit kontrastiert. SCHOTT ruft seinen Lesern zugleich mythische und abergläubische Vorstellungen in Erinnerung, die im Lichte neuester Erkenntnis verblassen. Den Lesern wird sogar ermöglicht, gleichsam selbst zu erleben, was sich dank des

Fernrohres sehen ließ. Denn die Würzburger Ausgabe veranschaulicht in zahlreichen Kupferstichen, wie sich jeder Himmelskörper durch ein Teleskop betrachtet zeigt. Es handelt sich dabei um ganzseitige Kupferstiche, die in der römischen Ausgabe des Werkes völlig fehlen. Ausschnitte aus einigen dieser Teleskopansichten vereinen die beiden hier vorliegenden astronomischen Beiträge dieses Bandes.

Mit seinem Buch im Buch bereichert SCHOTT die kühne Weltraumdichtung KIRCHERS um eine Kurzeinführung in Astronomie, eine Astronomiegeschichte, einen kritischen Kommentar, der einzelne Fragen vertiefend behandelt, begleitet von vielen Abbildungen. Mit der Würzburger Ausgabe wird SCHOTT einem *didaktischen* Anspruch gerecht, der auch für andere seiner Werke kennzeichnend ist.

In der kosmologischen Frage vertritt SCHOTT eine Position, die er als Jesuit nicht anders als in Rücksichtnahme auf seine Verpflichtungen beziehen konnte. Indem er das geo-heliozentrische Weltbild des TYCHO BRAHE vertrat, stand er aber nicht in Widerspruch zur Wissenschaft seiner Zeit. Beide Lager im Weltbildstreit, Copernicaner wie Tychoniker, waren sich im Klaren, dass ihnen ein Beweis fehlte, um die kosmologische Frage für sich zu entscheiden. In dieser Pattsituation besinnt sich SCHOTT auf die sichtbaren Fortschritte der neuen teleskopbetriebenen Astronomie. Für sie sucht er seine Leser zu begeistern. Bei SCHOTT konnte die gebildete Welt erfahren, wie sehr dasjenige, was sie über die Gestirne, den Himmel, den Kosmos zu wissen glaubte, bereits seit mehreren Jahrzehnten überholt war.

Diese Art der Aufklärung dürfte wohl zur Folge gehabt haben, dass SCHOTT so manchen Leser von seiner Begeisterung für Wissenschaft hatte anstecken können. Im Laufe des 17. Jahrhunderts nahm das Interesse an Naturwissenschaft zu. Mehr und mehr Menschen beschäftigten sich mit ihr. Die Popularisierung von Wissenschaft in dieser frühen Form beschränkte sich bei SCHOTT zwar auf eine immerhin Latein-lesende Öffentlichkeit. Aber auch dieser mussten offenbar die astronomisch kosmologischen Erkenntnisse der vorangegangenen fünfzig Jahre allererst noch vermittelt werden. Ebendies zu leisten, versuchte SCHOTT in seiner Würzburger Ausgabe von Kirchers *Ekstatischem Reisebericht* und seinem *Cursus mathematicus*.

## Literatur

Schott, Kaspar (Hg.): Athanasii Kircheri Iter ex[s]taticum coeleste [...] Iter exstaticum terrestre, hg., überarbeitet und kommentiert von Kaspar Schott, Würzburg 1660; 1671.

Siebert, Harald: Vom römischen Itinerarium zum Würzburger Iter – Kircher, Schott und die Chronologie der Ereignisse, in: Horst Beinlich, Hans-Joachim Vollrath, Klaus Wittstadt (Hgg.): Spurensuche. Wege zu Athanasius Kircher. Dettelbach: Röll, 2002, S. 163–188.

Siebert, Harald: Die große kosmologische Kontroverse – Rekonstruktionsversuche anhand des Itinerarium exstaticum von Athanasius Kircher SJ (1602–1680). Stuttgart: Franz Steiner ('Boethius', Bd 55) 2006.

Thewes, Alfons: Oculus Enoch ... Ein Beitrag zur Entdeckungsgeschichte des Fernrohrs, Oldenburg: Isensee 1983.

## Anmerkungen

[1] Kaspar Schott (Hg.): Iter ex[s]taticum coeleste, Würzburg 1660, S. 19–39.
[2] Ebd., S. 33–35.
[3] Ebd., S. 181.
[4] Ebd., S. 25.
[5] Ebd., S. 52–53.
[6] Ebd., S. 350.
[7] Alfons Thewes: Oculus Enoch ... Ein Beitrag zur Entdeckungsgeschichte des Fernrohrs, Oldenburg: Isensee 1983.
[8] Kaspar Schott (Hg.): Iter ex[s]taticum coeleste, Würzburg 1660, S. 302.
[9] Ebd., S. 301.

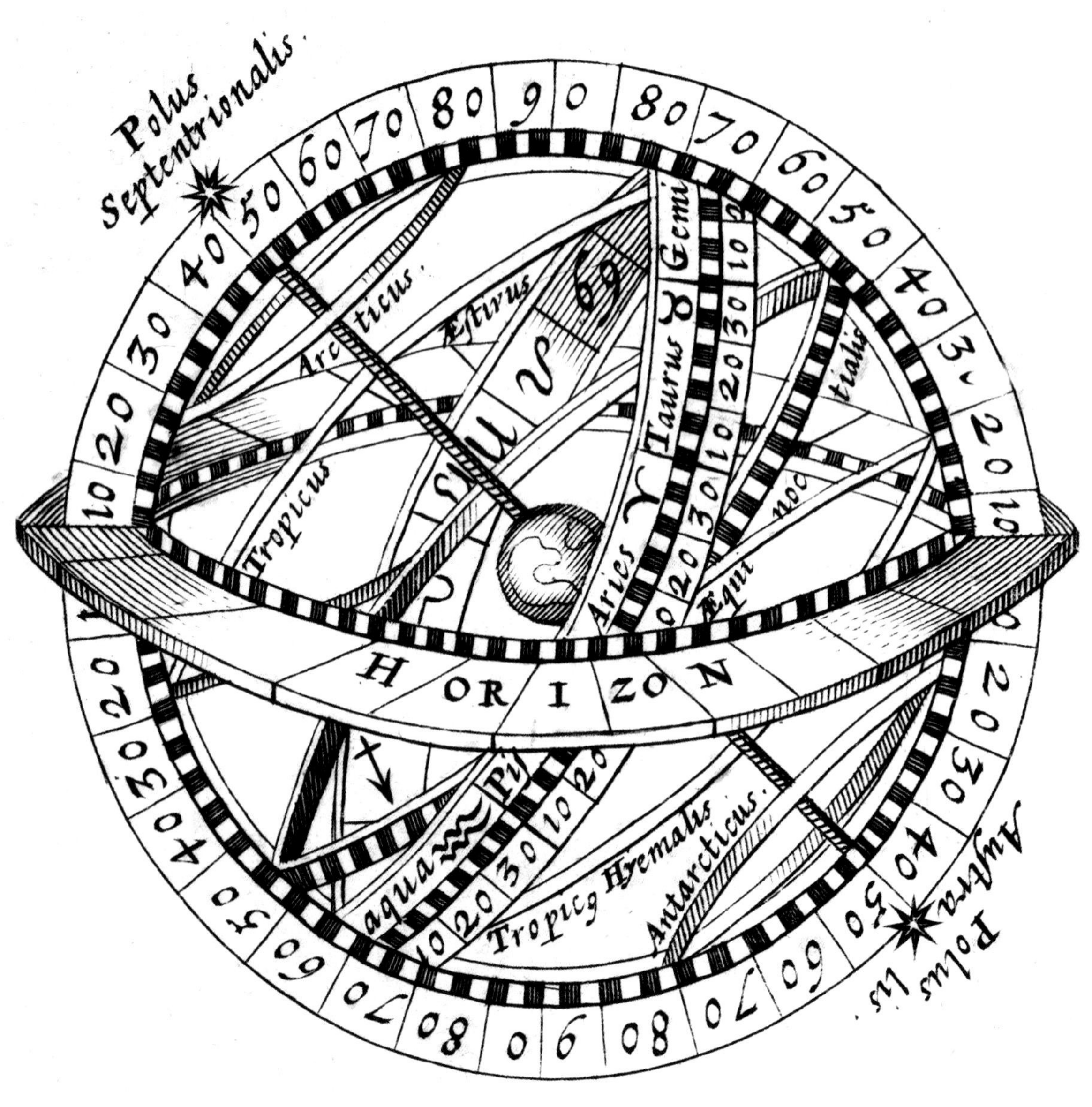


Armillarsphäre (Darstellung der wichtigsten Kreise der Himmelskugel): *Iter ex(s)taticum coeleste*, zu S. 22 (Fig. II aus Iconismus I).

# Schott und die Technik

*Hans-Joachim Vollrath*

### Technik

KASPAR SCHOTT gilt als Schöpfer des Wortes *Technik*.[1] Es leitet sich von dem griechischen Wort *techné* (Kunst, Kunstwerk) her. Nach unserem Verständnis hat Technik wenig mit Kunst zu tun. Das war zu SCHOTTS Zeiten ganz anders.

SCHOTT hatte eine besondere Vorliebe für die *Wasserkunst,* die sich in vielen seiner Werke zeigt. So finden sich bereits in seiner *Mechanica hydraulico-pneumatica* zahlreiche Maschinen, die zumeist aus dem *Museum Kircherianum* in Rom stammen.[2] Doch üben auch alle möglichen anderen Maschinen einen starken Reiz auf ihn aus. In seiner *Magia universalis naturae et artis* werden in den meisten behandelten Gebieten auch Maschinen betrachtet.[3] Dabei stützt er sich auf historische Quellen; so berichtet er zum Bei-

Prager Brunnen: *Technica curiosa,* zu S. 356 (Iconismus XXI)

spiel über Heron-Brunnen, beschreibt bekannte Sehenswürdigkeiten, wie etwa den Prager Brunnen, und berichtet über Konstruktionen von Zeitgenossen, die ihm ihre Erfindung mitgeteilt hatten.

Immer verbirgt sich hinter einem anziehenden Äußeren und erstaunlichen Effekten ein raffinierter Mechanismus. In den Abbildungen wird der Blick zunächst auf die interessanten äußerlichen Details gelenkt. Beim genauen Hinsehen erkennt man – meist gestrichelt gezeichnet – Teile des Mechanismus. Dieser Mechanismus wird dann von SCHOTT erklärt, wobei er gelegentlich zu Modellen greift, um das zu Grunde liegende Prinzip zu erläutern.

In SCHOTTS Werken finden sich aber auch Beispiele für Maschinen mit Räderwerken. Er beschreibt in der *Technica curiosa* ausführlich die Konstruktion von Uhrwerken und allen möglichen *Automaten*.

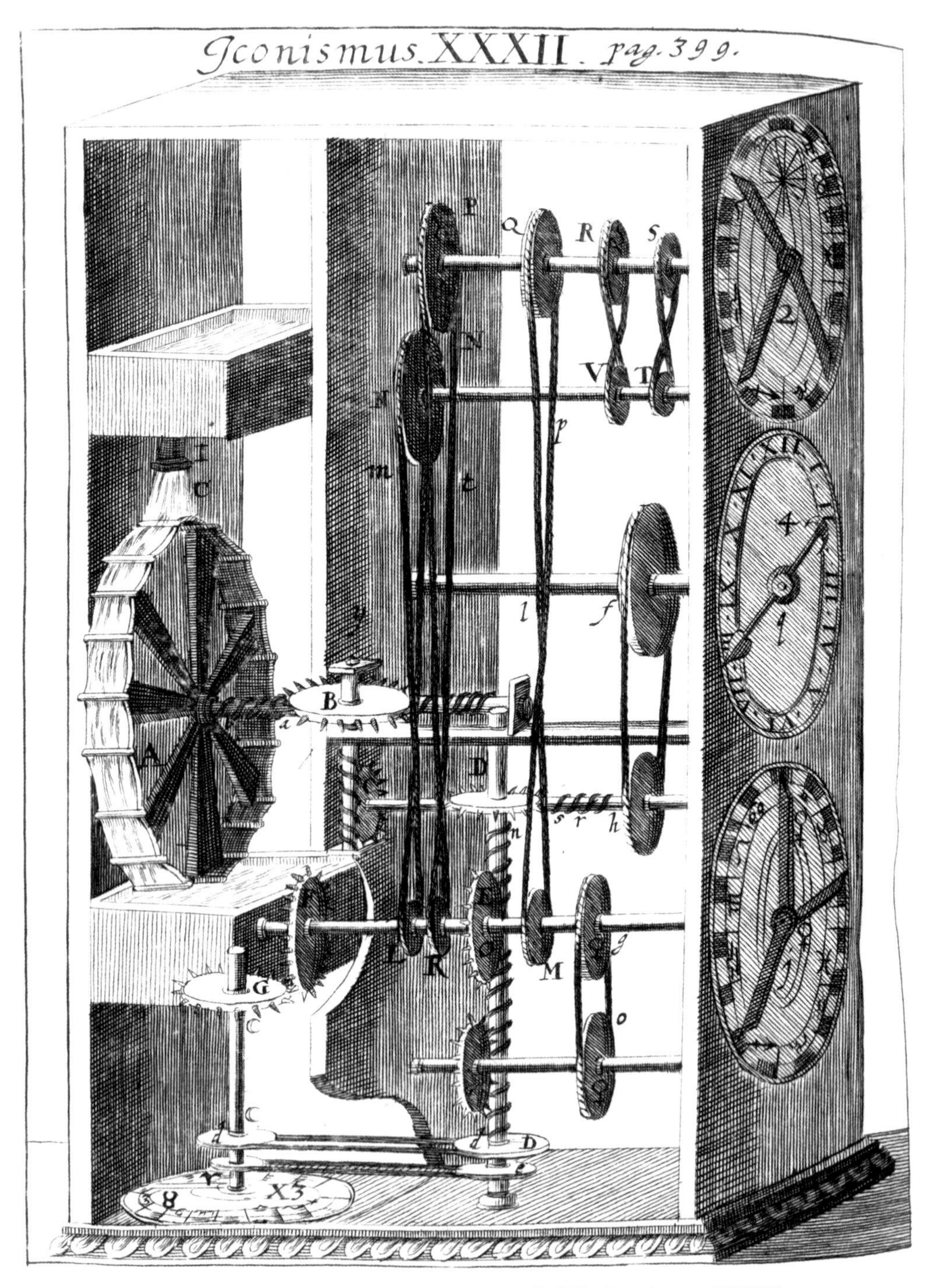


Planetenmaschine: *Technica curiosa*, zu S. 399 (Iconismus XXXII)

## Technica curiosa

SCHOTTS *Technica curiosa* (1664) zeigt sein Verständnis von Technik.[4] Man diskutiert heute darüber, ob das Wort *technica* bei SCHOTT in der Einzahl weiblich oder in der Mehrzahl sächlich gemeint ist.[5] Wir betrachten es als weiblich, wie ja auch im Deutschen üblich. Das Wort *curiosa* ist für uns etwas irreführend. Zwar wirkt manches auf uns kurios. Doch SCHOTT meinte damit eher *Wissenswertes*. Dass trotzdem auf uns heute manches kurios wirkt, liegt auch daran, dass Technik für SCHOTT nicht unbedingt Nützliches, sondern in erster Linie Erstaunliches darstellt.

Viele Beispiele hatte SCHOTT bereits in der *Magia universalis* behandelt. Dort fehlten ihm aber anscheinend die Mittel für angemessene Abbildungen. So greift er in der *Technica curiosa* etliche Themen wieder auf und illustriert sie mit sehr ansprechenden und instruktiven Abbildungen. Das gilt vor allem für die Schiffe.

## Futuristisches

SCHOTT beschäftigt sich mit den Möglichkeiten, Schiffe zu bauen, mit denen man unter Wasser fahren kann, und Drachen zu entwickeln, mit denen man fliegen kann. In der *Magia universalis* und in der *Technica curiosa* bildet er eine Taucherglocke ab. UMBERTO ECO lässt Pater Caspar Wanderdrossel in seiner Taucherglocke tragisch enden.[6]

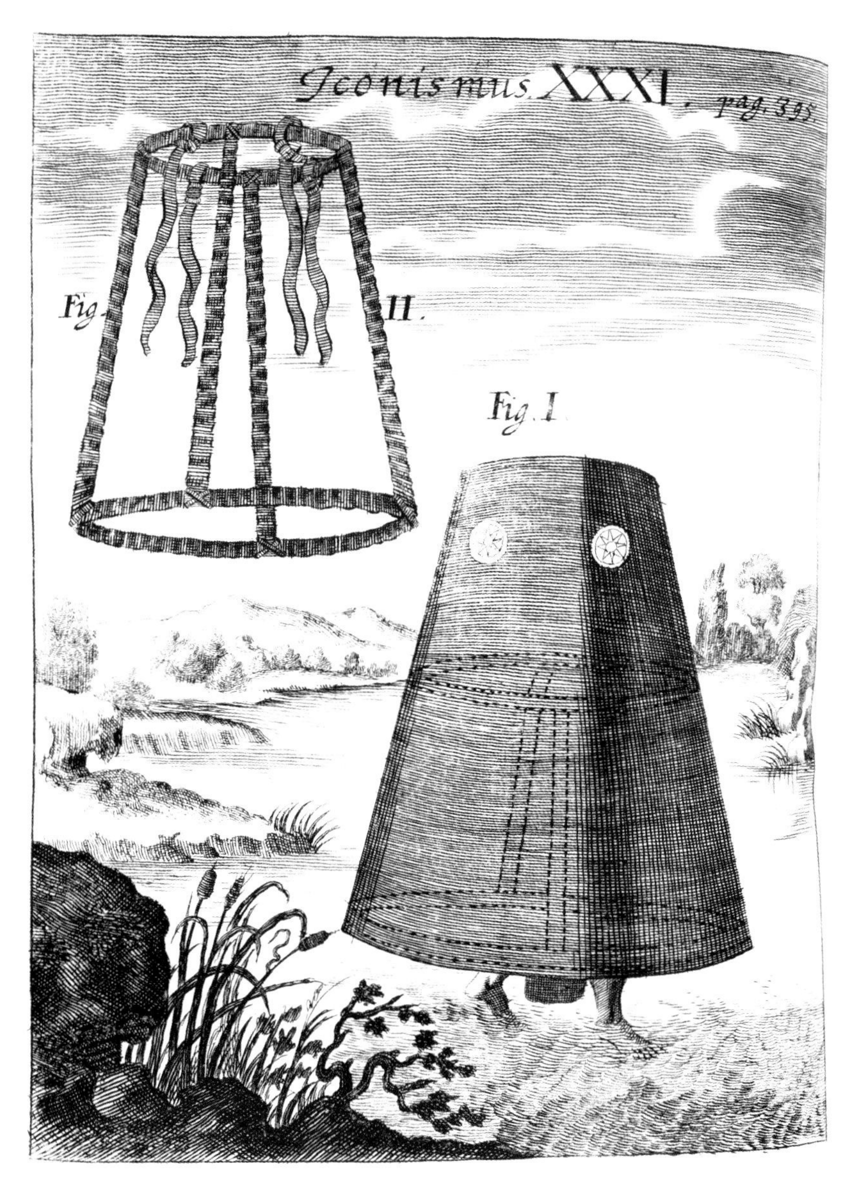


Taucherglocke: *Technica curiosa*, zu S. 395 (Iconismus XXXI)

## Utopisches

Einen besonderen Reiz übte auf SCHOTT das damals Utopische aus, von dem wir heute wissen, dass es technisch unmöglich ist. In der *Technica curiosa* bringt er zahlreiche Beispiele von Plänen für ein *Perpetuum mobile*. Sehr kompliziert sieht die Maschine seines Ordensbruders STANISLAUS SOLSKI aus.
Für SCHOTT war das Perpetuum mobile eine Maschine, die sich fortwährend bewegt, wenn sie einmal angestoßen worden ist. Einige Beispiele sind leicht zu durchschauen und werden auch heute noch angeboten.
Andere Maschinen erfordern zu ihrer Widerlegung einige Überlegung.
SCHOTT war als Experte gefragt. So hatte JEREMIAS MITZ aus Basel ein Rad erfunden, das sich nach seiner Ansicht fortwährend bewegen sollte.[7]

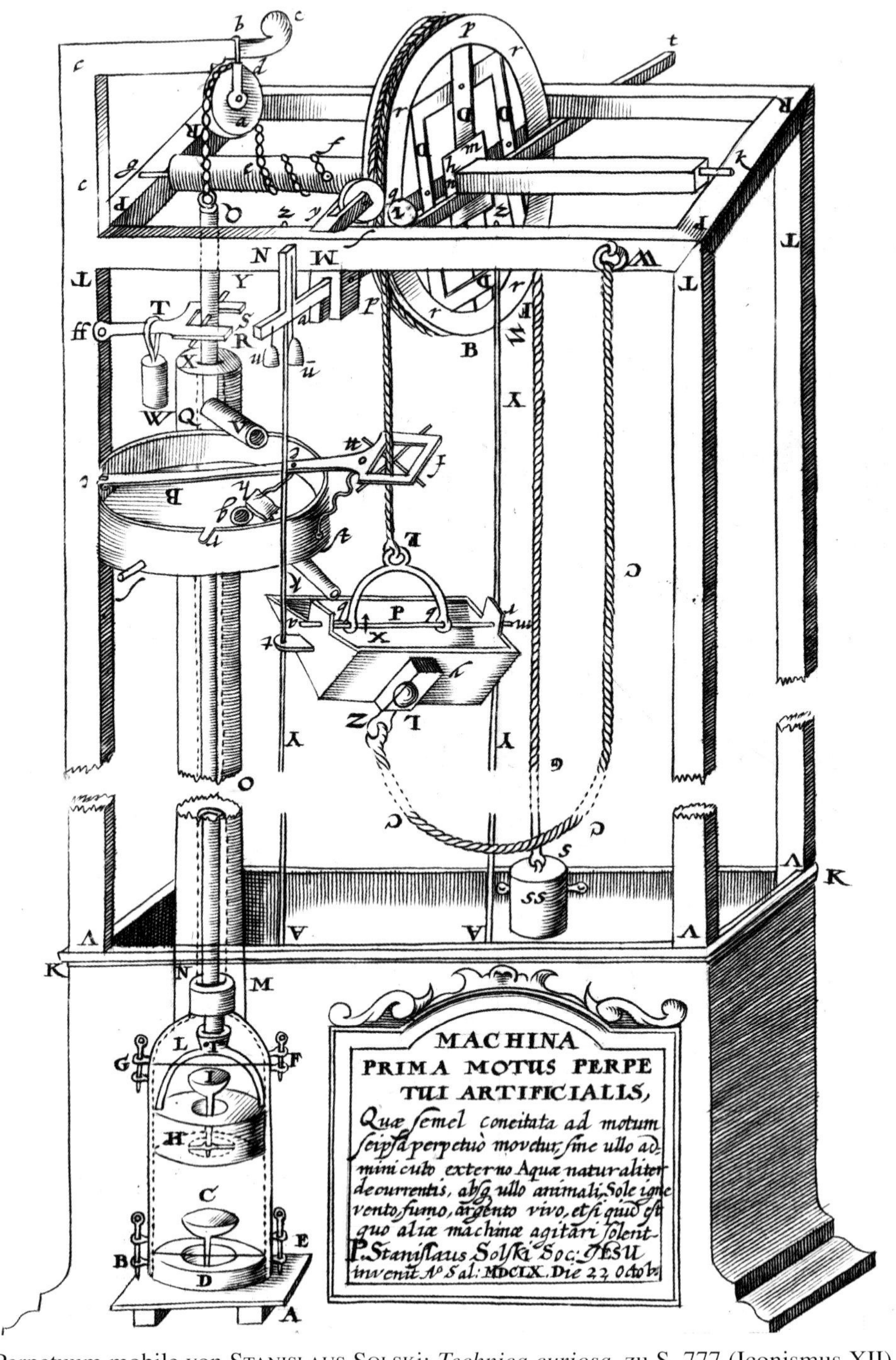


Perpetuum mobile von STANISLAUS SOLSKI: *Technica curiosa*, zu S. 777 (Iconismus XII)

Mechanisches Perpetuum mobile: *Technica curiosa*, zu S. 409 (Iconismus XXXIV)

Er berichtete am 13. September 1658 aus Frankfurt an SCHOTT: „Ich erhoffte eine kontinuierliche Bewegung, aber vergeblich. Die Ursache, warum sie nicht weiterlief, kenne ich nicht.“[8] SCHOTT konnte helfen. In der *Technica curiosa* machte er klar: Da der Schwerpunkt der Maschine stets unter dem Drehpunkt liegt, stellt sich ein stabiles Gleichgewicht ein.[9]

Beliebt waren auch Maschinen, in denen ein Wasserkreislauf erzeugt wird. Nach dem Vorbild der Natur hätte nach Meinung vieler Tüftler auch ein derartiges Perpetuum mobile möglich sein müssen.

Nach unserem Verständnis ist ein *Perpetuum mobile* (erster Art) eine Maschine, die fortwährend mehr Energie abgibt als aufnimmt. Während ein Perpetuum mobile im Sinne SCHOTTS möglich ist, ist das bei einem Perpetuum mobile in unserem Sinne nicht der Fall. Doch auch bei den von SCHOTT untersuchten Maschinen, die sich fortwährend bewegen sollten, erwies sich der Anspruch ihrer Erfinder als illusorisch. Hier zeigt sich SCHOTT zwar als begeisterungsfähiger, doch auch durchaus kritischer Wissenschaftler.

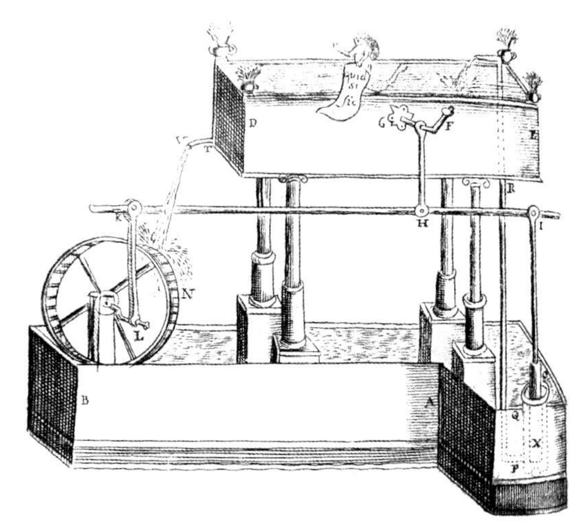

Hydrotechnisches Perpetuum mobile: *Magia universalis III*, zu S. 485 (Ausschnitt aus Iconismus XIX)

## Literatur


Unverzagt, Dietrich: Philosophia, Historia, Technica. Caspar Schotts Magia Universalis. Berlin 2000.

Volk, Otto: Mathematik, Astronomie und Physik in der Vergangenheit der Universität Würzburg. In: Peter Baumgart (Hg.): Vierhundert Jahre Universität Würzburg. Neustadt an der Aisch 1982, S. 751–785.


## Anmerkungen

[1] Dietrich Unverzagt: Philosophia, Historia, Technica. Caspar Schotts Magia Universalis. Berlin 2000, S. 13.

[2] Kaspar Schott: Mechanica hydraulico-pneumatica. Würzburg 1657.

[3] Kaspar Schott: Magia universalis naturae et artis, I-IV. Würzburg 1657–1659.

[4] Kaspar Schott: Technica curiosa, Würzburg 1664.

[5] Dietrich Unverzagt: Philosophia, Historia, Technica. Caspar Schotts Magia Universalis. Berlin 2000, S. 13.

[6] Umberto Eco: Die Insel des vorigen Tages. München [7]2001, S. 364.

[7] Mit JEREMIAS MITZ hatte SCHOTT 1657/58 einen längeren Briefwechsel über den Bau eines Brunnens auf dem Basler Anwesen von MITZ geführt. SCHOTT berichtet darüber ausführlich in der Technica curiosa, S. 313–342.

[8] Kaspar Schott: Technica curiosa. Würzburg 1664, S. 409.

[9] Ebd., S. 410–411.

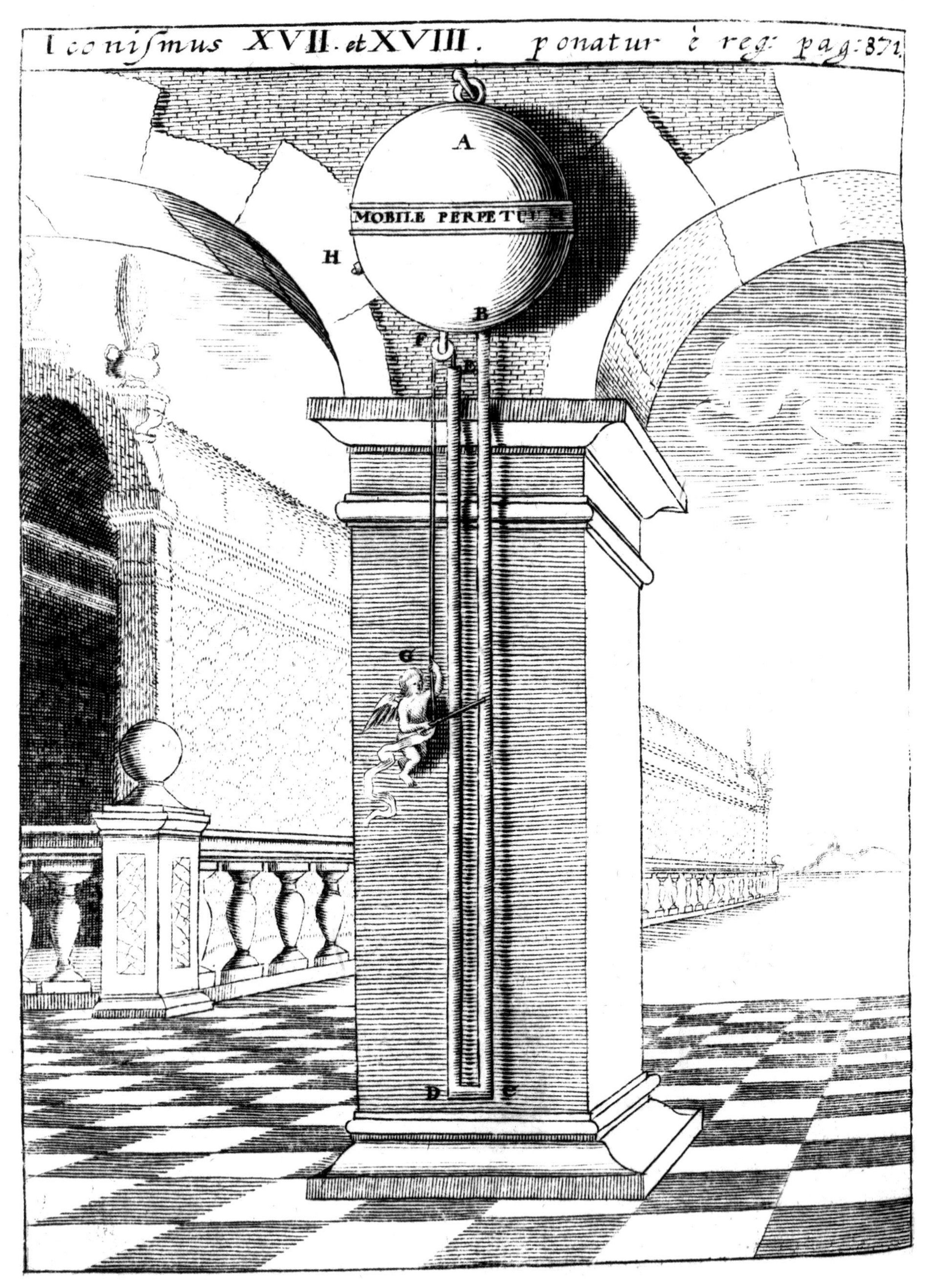


Neues Magdeburger Thermometer: *Technica curiosa*, zu S. 871 (Iconismus XVII, XVIII).
Die Luft im kugelförmigen Behälter dehnt sich bei Erwärmung aus und zieht sich bei Abkühlung zusammen. Der sich ändernde Druck wirkt auf eine Wassersäule mit einem Engel, der den Wasserstand und damit die Temperatur anzeigt. Ein derartiges Thermometer befand sich an OTTO VON GUERICKES Haus.

# Tischbrunnen

*Hans-Joachim Vollrath*

Festtafeln haben seit einiger Zeit in der historischen Forschung besonderes Interesse gefunden. Gründlich erforscht wurden dabei die *Tischbrunnen.*[1] Unter den zahlreichen Brunnen, die SCHOTT an verschiedenen Stellen seines Werkes beschreibt, sieht man auch einige Tischbrunnen.

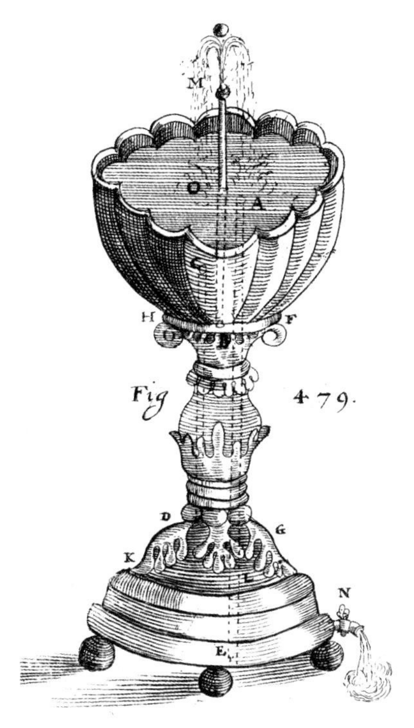


Tischbrunnen: *Cursus mathematicus*, zu S. 463 (Iconismus XXII, Fig. 479)

Ein Beispiel ist der abgebildete Tischbrunnen, der sich sowohl in der *Mechanica hydraulico-pneumatica*[2] als auch im *Cursus mathematicus*[3] findet. Dieser zeigt die typischen Merkmale eines Tischbrunnens: Es handelt sich um einen *Springbrunnen*, der von einem *Wasservorrat* im Innern des Brunnens gespeist wird und über ein verborgenes *technisches System* zum Aufbau eines Überdrucks verfügt. Er wurde in Gang gesetzt, indem man Wasser oben in die Schale füllte. Dann versprühte er selbstständig das Wasser, das zwar wieder aufgefangen wurde, doch versiegte der Brunnen nach einiger Zeit. Ein derartiger Brunnen war so gestaltet, dass er möglichst natürlich wirkte und die zu Grunde liegende Technik verbarg.
Für SCHOTT sind diese Brunnen Wunderwerke der Technik. Die Wissenschaft ist in der Lage, die zu Grunde liegenden Prinzipien zu beschreiben. Und darin sieht SCHOTT auch im Wesentlichen ihre Rolle: Sie ermöglicht das *Verstehen* und das *Entwerfen* derartiger Geräte.
SCHOTT bringt obigen Tischbrunnen als Beispiel eines *Heron-Brunnens*. An ihm beschreibt er das Prinzip, das auf HERON von Alexandria (um 130 n. Chr.) zurückgeht. In der Zeichnung erkennt man mit einiger Mühe Gefäße und Röhren. Die „Anatomie" des Brunnens wird etwas deutlicher an der Zeichnung in der folgenden Abbildung.

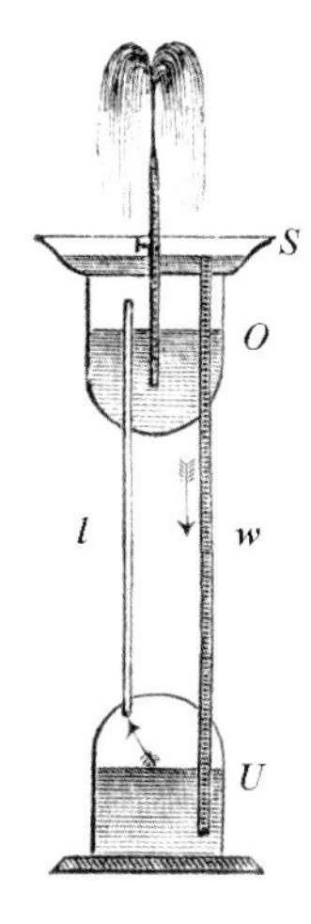


Heron-Brunnen

Das Wasser läuft aus der Schale *S* durch das Wasserrohr *w* in das untere Gefäß *U*. Dadurch wird dort die Luft zusammengepresst. Deshalb strömt Luft durch das Luftrohr *l* nach oben in das Gefäß *O*. Dort wird nun ebenfalls die Luft zusammengepresst. Dadurch wird Wasser durch das Rohr mit der Spritzdüse gedrückt, das zurück in die Schale *S* fällt.
Betrachtet man nun SCHOTTS Tischbrunnen, so erkennt man oben die Schale. Darunter befindet sich das obere Gefäß. Das untere Gefäß ist im Fußteil untergebracht. Gestrichelt gezeichnet erkennt man die drei Röhren in der entsprechenden Anordnung. Von C nach D geht das Luftrohr, von A nach E das Wasserrohr. Der Wasserhahn bei N dient zum Ablassen des Wassers, das sich im unteren Gefäß gesammelt hat.
Im 17. Jahrhundert kamen Tischbrunnen bei den Fürsten in Mode, die damit ihre Tafeln schmückten und bei ihren Gästen Verwunderung und Freude auslösten. Für die Gäste war es natürlich

ein besonderes Vergnügen, wenn aus einem Tischbrunnen Wein sprudelte. Umso wirkungsvoller war es, wenn man die Schale oben mit Wasser füllte und der Brunnen dann Wein spendete.

Heute sind nur wenige funktionsfähige Exemplare erhalten, die meisten kennt man nur aus Zeichnungen. Deshalb lässt sich auch nur schwer beurteilen, ob diese Brunnen wirklich befriedigend funktionierten. Immerhin konnte man im *Museum Kircherianum* etliche solcher Brunnen in Funktion erleben und bewundern.

In der *Technica curiosa*[4] findet sich das hübsche Exemplar eines *doppelten* Heron-Brunnens, bei dem jeweils zwei Wasser- und zwei Luftrohre durch die als Fische geformten Pfeiler verlaufen. Gleichzeitig hat SCHOTT die Höhe verdoppelt.

Bei den dargestellten Tischbrunnen hörte das Wasser nach einiger Zeit auf zu sprudeln. ATHANASIUS KIRCHER hatte nun die Idee, einen symmetrischen Tischbrunnen zu bauen: Dreht man ihn um, dann sieht er genau so aus wie vorher. Mit diesem *Wendebrunnen*[5] hat ATHANASIUS KIRCHER die Welt der Tischbrunnen bereichert. Schüttet man Wasser in die obere Schale, so beginnt der Brunnen zu sprudeln. Ist er versiegt, dann dreht man ihn einfach um und setzt ihn wieder in Gang. Der Brunnen enthält in getrennten Kammern zwei voneinander unabhängige Heron-Brunnen.

Doppelter Heron-Brunnen: *Technica curiosa*, zu S. 364 (Iconismus XXIV)

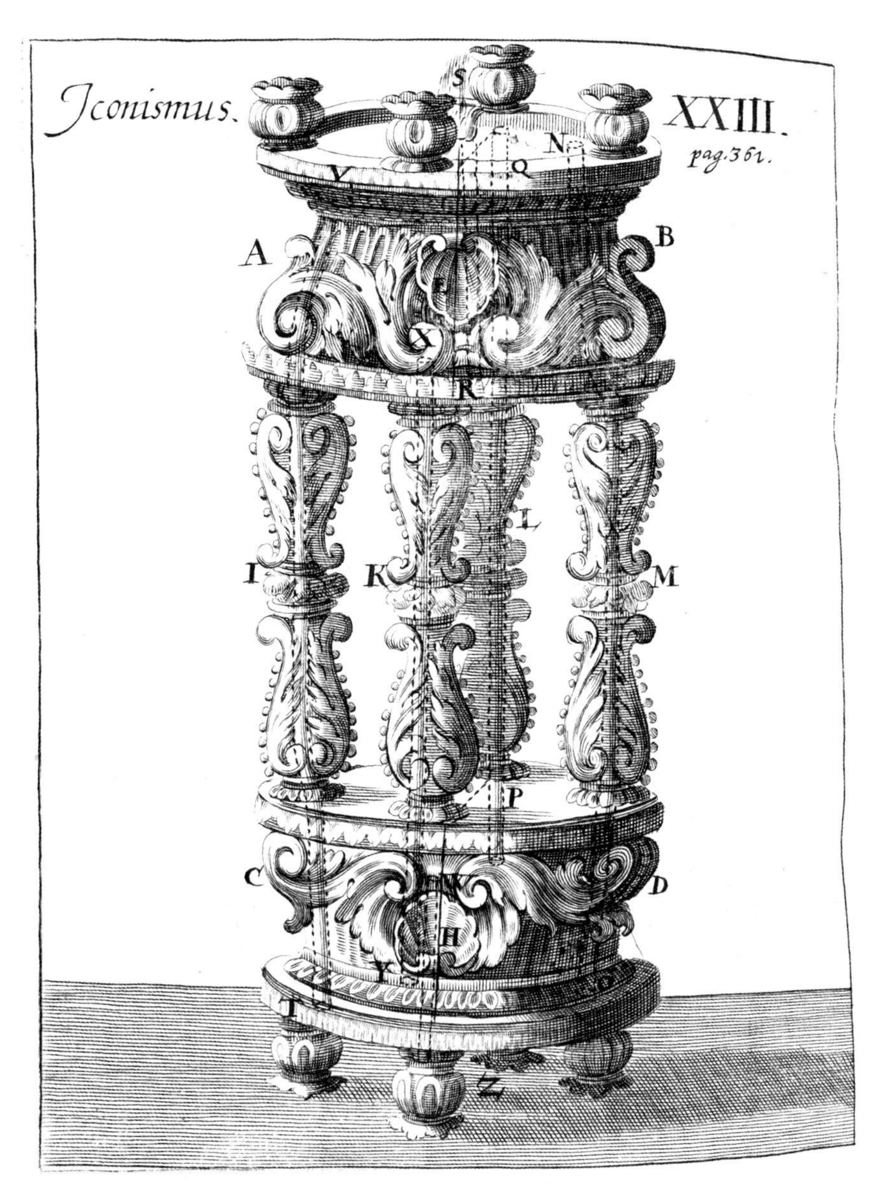


Wendebrunnen: *Technica curiosa*, zu S. 361 (Iconismus XXIII)

SCHOTT hat auch Tischbrunnen beschrieben, die nach anderen Prinzipien arbeiten; so finden sich zum Beispiel Tischbrunnen, bei denen Wasser erhitzt wird. Allen diesen Brunnen ist gemeinsam, dass hier Technik in ihrer Funktion und in ihrer Gestalt Verwunderung und Freude hervorrufen soll. Die Frage des Nutzens, die ja in der Moderne so wichtig wird, spielt dabei keine Rolle. Auch heute kann man freilich noch immer Tischbrunnen erwerben, bei denen allerdings eine elektrische Pumpe mit Batterie betrieben wird. Auch sie verbergen den Mechanismus, bieten meist eine richtig schön kitschige Verpackung, sind herrlich nutzlos und erfreuen anscheinend immer noch den Menschen.

### Literatur

Wiewelhove, Hildegard: Tischbrunnen. Berlin 2002.

### Anmerkungen

[1] Hildegard Wiewelhove: Tischbrunnen. Berlin 2002.

[2] Kaspar Schott: Mechanica hydraulico-pneumatica. Würzburg 1657, Iconismus VI, Fig. IV, zu S. 199.

[3] Kaspar Schott: Cursus mathematicus. Würzburg, 1661.

[4] Kaspar Schott: Technica curiosa. Würzburg 1664.

[5] Ebd.

Tischbrunnen aus dem Museum Kircherianum nach PHILON von Byzanz (um 200 v. Chr.): *Technica curiosa*, zu S. 359 (Iconismus XXII).

# Schotts Maschinenzeichnungen

*Hans-Joachim Vollrath*

Die Universitätsbibliothek Würzburg besitzt eine Sammlung von farbigen Maschinenzeichnungen von KASPAR SCHOTT. Diese stammen aus der ehemaligen Sammlung der Philosophischen Fakultät. Im Inventarverzeichnis von 1707, das sich in der Apostolischen Bibliothek des Vatikans befindet, werden sie als kunstvolle Maschinen (*machinae artificiales*) von KASPAR SCHOTT aufgeführt.[1]

Die Maschinen werden von Hand oder von Wasser angetrieben. Sie dienen zum Mahlen, zum Heben von Lasten und zum Pumpen.[2]

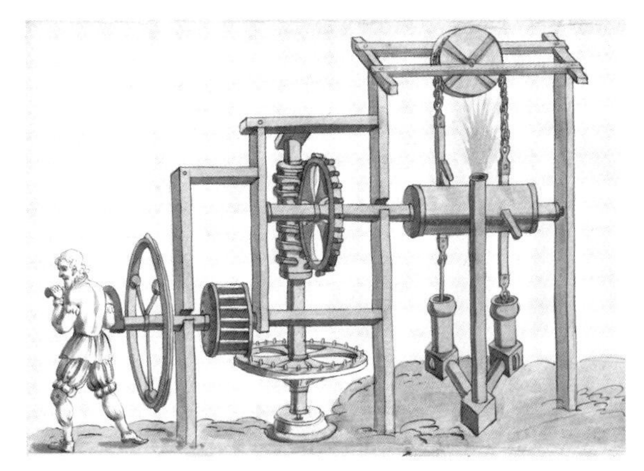

Handgetriebenes Pumpwerk mit 2 Wasserpumpen (Nr. 17)

**Handantrieb**

Handmühle (Nr. 11)

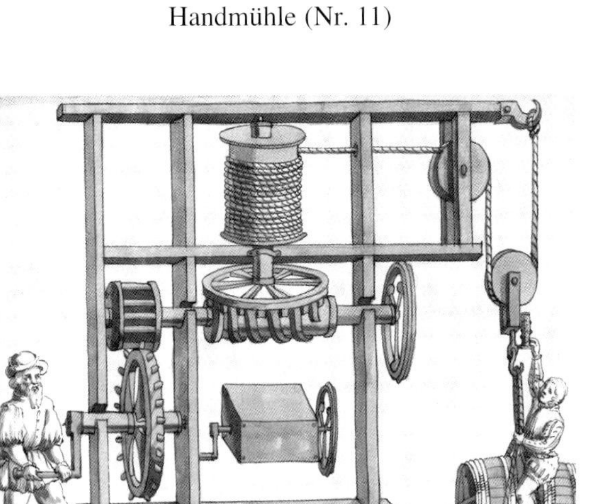

Handgetriebenes Hebezeug (Nr. 24)

**Wasserantrieb**

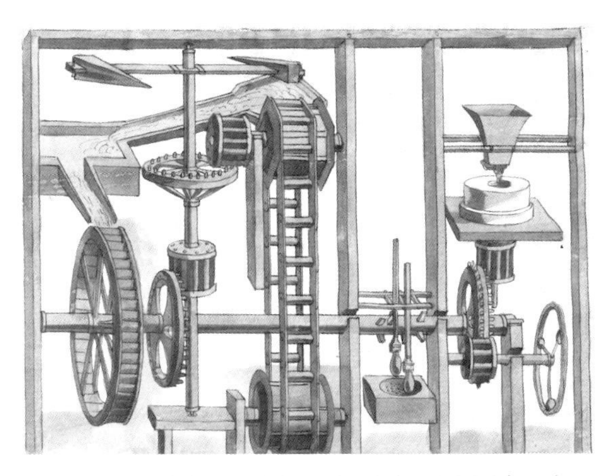

Wassergetriebenes (oberschächtiges) Mahlwerk (Nr. 9)

Wassergetriebenes (oberschächtiges) Hebezeug (Nr. 20)

Wassergetriebenes (unterschächtiges) Pumpwerk mit 2 Wasserpumpen (Nr. 16)

Tischbrunnen (Nr. 13)

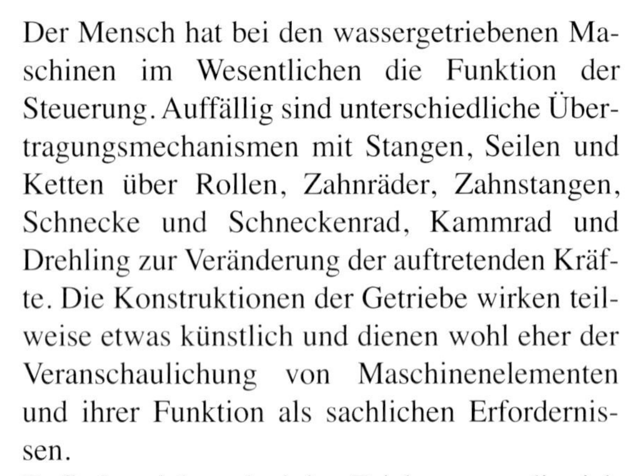

Der Mensch hat bei den wassergetriebenen Maschinen im Wesentlichen die Funktion der Steuerung. Auffällig sind unterschiedliche Übertragungsmechanismen mit Stangen, Seilen und Ketten über Rollen, Zahnräder, Zahnstangen, Schnecke und Schneckenrad, Kammrad und Drehling zur Veränderung der auftretenden Kräfte. Die Konstruktionen der Getriebe wirken teilweise etwas künstlich und dienen wohl eher der Veranschaulichung von Maschinenelementen und ihrer Funktion als sachlichen Erfordernissen.
Es finden sich auch einige Zeichnungen, die sich auf Maschinenelemente beschränken. Aus dem Rahmen fallen Zeichnungen von Tischbrunnen, bei denen sich jedoch nicht das Prinzip erkennen lässt.

Die Zeichnungen lassen sich keinem der veröffentlichten Werke von KASPAR SCHOTT zuordnen. Aber er hatte ja noch große Pläne, die er nicht mehr verwirklichen konnte.

## Anmerkungen

[1] Maria Reindl: Lehre und Forschung in Mathematik und Naturwissenschaften, insbesondere Astronomie, an der Universität Würzburg von der Gründung bis zum Beginn des 20. Jahrhunderts. Neustadt an der Aisch (Degener) 1966, S. 183. Sie sind unter §VII 8. aufgeführt als „Eiusdem machinae artificiales pictae.“ (Unter §VII 7. sind drei Buch-Manuskripte von P. Schott aufgeführt.)

[2] Eberhard Knobloch: Die Nachfahren von Dädalus und Archimedes. Berichte und Abhandlungen der Berlin-Brandenburgischen Akademie der Wissenschaften, Bd. 9, Berlin 2002, S. 41–78. Es handelt sich dabei nach dem Urteil von KNOBLOCH um Abwandlungen von Maschinen der Renaissance.

# Schott und die Parawissenschaften

*Hans-Joachim Vollrath*

### Sonderbares in Schotts Werken

Es wirkt heute sonderbar, wenn Schott in dem sehr sachlichen *Cursus mathematicus* neben der Astronomie auch die *Astrologie* behandelt.[1] In der *Magia universalis naturae et artis IV* befasst er sich neben Naturwissenschaften mit „Magischer Medizin", „göttlicher Weissagung", „Physiognomie" und „Chiromantik" (Handlesen).[2] In seiner *Physica curiosa* werden *Engel* und *Dämonen* 200 Seiten lang „wissenschaftlich" untersucht. Fast 200 weitere Seiten sind „Visionen" (*spectra*) gewidmet.[3] In der *Technica curiosa* (1664) schließlich findet man Kabbalistik (*mirabilia cabalistica*).[4]
All das hat nach heutiger Auffassung nichts in der Wissenschaft zu suchen. Doch diese Phänomene gehörten zu Schotts Lebenswelt, die man zum Beispiel aus dem berühmten Barock-Roman *Der abenteuerliche Simplicissimus teutsch* aus dem Jahr 1668 von Hans Jakob Christoffel von Grimmelshausen (1621/2–1676) kennt. Schott sieht es als seine Aufgabe an, auch diese Phänomene zu klären.

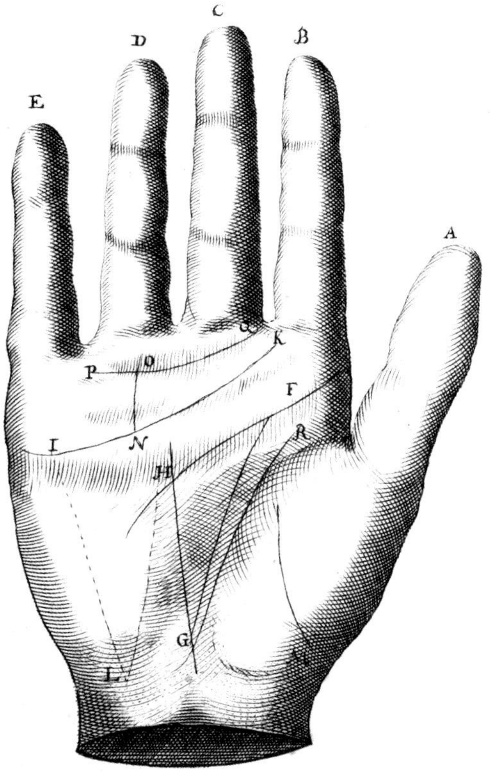

Chiromantik: *Magia universalis IV*, zu S. 641 (Iconismus XII)

### Chiromantik

Er lehnt die *astrologische* Chiromantik von Geronimo Cardano (1501–1576) leidenschaftlich ab und bezeichnet sie in der *Magia universalis* als „Schwachsinn" (*dementia*).[5] Zwar räumt er bei der physikalischen Chiromantik ein, dass sich in den Handlinien gewisse Körper- und Seeleneigenschaften niederschlagen könnten. Doch hält er die Bildung der Linien eher für zufällig, da sie sich bereits im Mutterleib bei der Faltung der Hände bilden.
Dass man aus den Handlinien zum Beispiel die Lebensdauer des Menschen ablesen könne, hält Schott für Unsinn. Schließlich habe es Gott nicht gewollt, dass die Menschen den Zeitpunkt ihres Todes kennen sollen. Vielmehr sollen sie jederzeit „wachsam und bereit sein, denn sie wissen nicht, wann der Herr kommt".[6]

### Engel und Dämonen

Nach dem Zeugnis der Bibel und den Lehren der Kirche ist Schott von der Existenz von Engeln und von Dämonen als gefallenen Engeln überzeugt.

„Denn Gott hat die Engel, die gesündigt haben, nicht verschont, sondern hat sie mit Ketten der Finsternis zur Hölle verstoßen." 2 Petr 2, 4

Es mag uns befremden, dass Schott sich so ausführlich über Engel und Dämonen äußert. Doch in seinen Ausführungen versucht er in erster Linie klarzumachen, was diese nicht vermögen, um so seinen Lesern die Furcht vor ihnen zu nehmen. Dämonen werden von vielen seiner Zeitgenossen bemüht, um magische Phänomene zu deuten. Schott räumt zwar diese Möglichkeit prinzipiell ein, bemüht sich jedoch um rationale Deutungen.

## Die Wünschelrute

In der *Magia universalis* befasst sich SCHOTT eingehend mit der Wünschelrute (*virgula*). Wie der berühmte Mineraloge GEORG AGRICOLA (1494–1555) ist er eher skeptisch und denkt an Täuschung oder die Wirkung von Dämonen.
So interpretiert SCHOTT die Erfahrungen, die etliche Würzburger während der schwedischen Besatzung im Dreißigjährigen Krieg machen mussten:

„Sie (Anhänger der Wünschelrute) bestreiten jedoch nicht, dass bei einigen wenig frommen Menschen bisweilen eine Täuschung oder ein Pakt mit einem Dämon eintreten kann, besonders bei gottlosen Soldaten, von denen viele in dieser Stadt Würzburg in den vergangenen Jahren, als die Schweden sie besetzt hielten, durch Gebrauch der genannten Rute verborgene Gelder und silberne und goldene Haushaltsgegenstände fanden."[7]

Wünschelrutengänger im Bergbau: *Magia universalis IV*, zu S. 421 (Iconismus XI)

Doch er bringt auch Argumente vor, die er gegen behauptete magnetische Einflüsse anführt. Und er berichtet über Experimente mit Wünschelrutengängern, die durchweg misslangen. Aber letztlich reichten auch SCHOTTS schlagende Argumente und die eklatanten Misserfolge der Wünschelrutengänger bei den Experimenten nicht aus, um bei seinen Zeitgenossen den Glauben an Wünschelruten zu erschüttern. Bis heute neigen viele Wünschelrutengänger dazu, ihre Misserfolge schnell wieder zu vergessen. Und sie finden auch heute noch viele Menschen, die ihnen vertrauen.

GEORG AGRICOLA (1494–1555)

## Parawissenschaft

Aus heutiger Sicht kann man SCHOTT vorwerfen, sich in einem wissenschaftlichen Werk derart ausführlich mit solchen Fragen auseinander gesetzt zu haben. Wir kennen das von den *Parawissenschaften* (*„Grenzwissenschaften"*) unserer Zeit, bei denen zwar Engel und Dämonen keine Rolle mehr spielen, dafür aber immer noch allerlei „Geheimnisvolles" angenommen wird.[8] Aber man kann ihm doch zu Gute halten, dass er auch in diesem Bereich aufklären wollte, wenn er jedoch aus unserer Sicht dazu nur begrenzt in der Lage war.

## Literatur

Unverzagt, Dietrich: Philosophia, Historia, Technica. Caspar Schotts Magia Universalis. Berlin 2000.

## Anmerkungen

[1] Kaspar Schott: Cursus mathematicus, Liber X. Würzburg 1661.
[2] Kaspar Schott: Magia universalis naturae et artis, IV. Würzburg 1659.
[3] Kaspar Schott: Physica curiosa, I. Würzburg 1662.
[4] Kaspar Schott: Technica curiosa, Liber XII. Würzburg 1664.
[5] Kaspar Schott: Magia universalis naturae et artis, IV. Würzburg 1659, S. 655.
[6] Ebd., S. 669.
[7] Ebd., S. 423.
[8] Als *Parawissenschaften* werden Forschungsrichtungen bezeichnet, die sich mit bisher nicht bewiesenen Phänomenen befassen.

*Ich kann nicht unterlassen, hier zu berichten, was mir ein halbes Jahr vor dieser Katastrophe bezüglich der Auflösung des Kollegs und der Verwüstung des ganzen Vaterlandes begegnet war. Im Jahre 1631, als ganz Deutschland dem Kaiser unterworfen war, und die Katholiken sich des tiefsten Friedens erfreuten, als niemandem auch nur der Gedanke kam, daß ihre Feinde so leicht wieder ihr Haupt erheben könnten, wurde ich einst mitten in der Nacht durch ungewöhnlichen Lärm aus dem Schlafe geweckt und sah mein Fenster von einer Art Dämmerlicht erhellt. Ich verließ alsbald mein Bett, um nachzusehen, was die ungewöhnliche Helle bedeute. Da gewahrte ich nun, daß der ganze sehr geräumige Hof des Kollegiums mit in Reih und Glied aufgestellten Bewaffneten und Pferden angefüllt sei. Von Schrecken ergriffen, begab ich mich zu den anstoßenden Schlafzimmern. Da ich hier Alle in tiefsten Schlaf versunken fand, glaubte ich, ich hätte mich in der Schlaftrunkenheit getäuscht und suchte nochmals mein Fenster auf. Doch es bot sich mir wieder dasselbe Schauspiel dar. Ich eilte nochmals weg, um Zeugen für das Gesehene herbeizurufen, fand aber bald, daß das Gesicht wieder verschwunden sei.*

Von Athanasius Kircher berichtetes Gesicht (Vision), das er 1631 in Würzburg vor dem Einmarsch der schwedischen Truppen hatte. Aus: *Selbstbiographie des P. Athanasius Kircher aus der Gesellschaft Jesu.* Nikolaus Seng (Übers.), Fulda 1901, S. 28-29.

# Spaß und Ernst bei Kaspar Schott

*Hans-Joachim Vollrath*

### Freude am Wissen

Durch das ganze Werk von KASPAR SCHOTT zieht sich eine deutlich sichtbare Freude am Wissen. Bei der Gestaltung praktischer Dinge ist in den Bildern eine barocke Verspieltheit unverkennbar.

Horologium: *Technica curiosa,* zu S. 763
(Iconismus XI, Fig. 55)

### Spaß und Ernst

In dem 1666 anonym erschienenen Buch *Ioco-seria naturae et artis*[1] bringt SCHOTT Zahlenrätsel, Scherzaufgaben, Zaubertricks und Anweisungen für häufig recht derbe Späße. Es finden sich auch Rezepte zur Behebung von mancherlei Unglück, Krankheit und Gebrechen.
Doch es werden auch Anleitungen zur Lösung praktischer Aufgaben gegeben, die allerdings nicht immer ganz ernst zu nehmen sind, etwa wenn man seine Vorschläge zur Bestimmung der Brunnentiefe[2] in einem Dorf oder der Baumhöhe[3] im freien Gelände betrachtet.

Zerbrechen eines Stabes, *Ioco-seria,* zu S. 8
(Iconismus I, Fig. II)

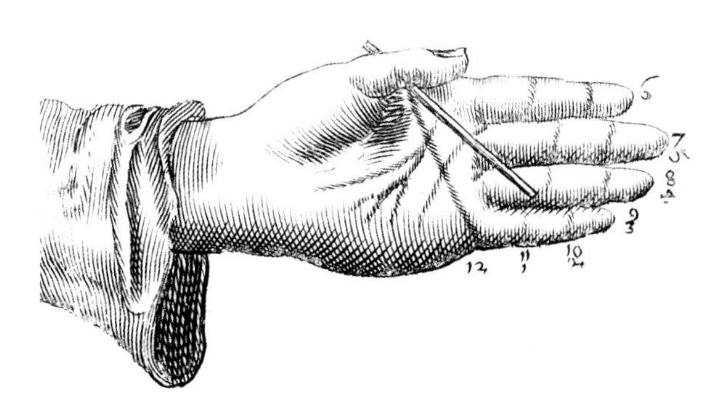

Handsonnenuhr: *Ioco-seria,* zu S. 199
(Iconismus XIV, Fig. I)

Ländliche Bestimmung der Brunnentiefe: *Ioco-seria*, S. 44 (Iconismus VI)

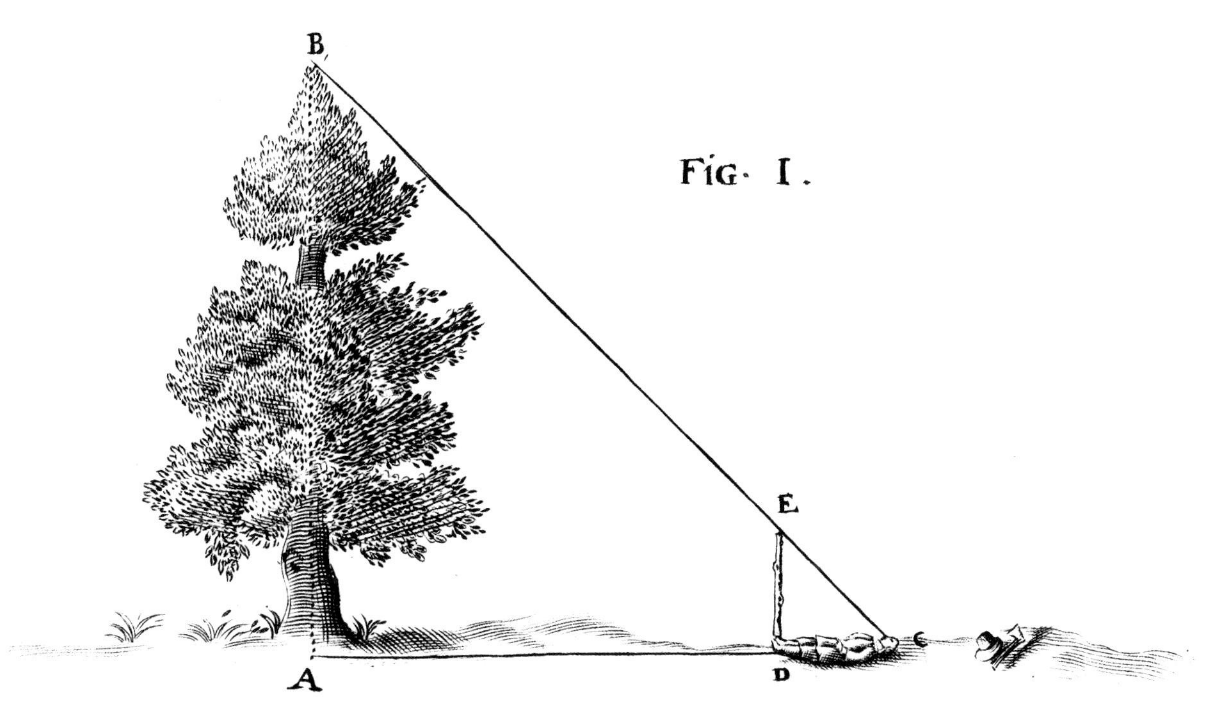


Bestimmung der Baumhöhe: *Ioco-seria,* S. 46 (Iconismus VII, Fig. I)

Was tun, wenn ein Storch auf dem Kamin sein Nest gebaut hat? SCHOTT weiß praktischen Rat: Er leitet einfach den Rauch früher ab.

### Zensur

Für die Veröffentlichung erhielt SCHOTT keine Druckerlaubnis von seinem Orden. Das Buch erschien 1666 unter dem Pseudonym

**ASPASIUS CARAMUELIUS.**

Unklar ist, was sich dahinter verbirgt. Eine mögliche Deutung ist:

**CASPARUS AMASIUS VELI,**

Caspar, der Liebhaber des Segels. Dies würde auf das Vorwort der *Magia universalis* anspielen, in dem es heißt: „Nun segeln wir durch göttlichen Wind begünstigt mit vollen Segeln hinaus, um die unerschöpflichen Schätze der Natur und der Künste zu entdecken."[4] Denkbar wäre auch:

**CASPARUS AMALIUS IESU.**

Caspar, Kämpfer Jesu. Das wäre sicher passend für einen Pater der Gesellschaft Jesu.
Das Werk erschien zunächst in lateinischer, später auch in deutscher Sprache.

Bau eines Kamins, der nicht verstopft: *Ioco-seria,* S. 287 (Ausschnitt aus Iconismus XXI).

## Wissen für das Volk

KASPAR SCHOTT hat in diesem Buch Wissen volkstümlich verpackt. Sein Vorbild sind die 1636 erschienenen *Deliciae physico-mathematicae* von DANIEL SCHWENTER (1585–1636), der Professor in Altdorf bei Nürnberg war. Das in deutscher Sprache verfasste Buch hat den deutschen Untertitel: *Mathematische und philosophische Erquickstunden*.

Eine Fortsetzung findet dieses Buch durch zwei weitere Bände, die von GEORG PHILIPP HARSDÖRFFER (1607–1658) verfasst wurden, der ebenfalls Professor in Altdorf war. Er verweist darin auf Werke von KIRCHER und SCHOTT. HARSDÖRFFER kannte und schätzte KASPAR SCHOTT persönlich.

## Literatur

Harsdörffer, Georg Philipp und Daniel Schwenter: Deliciae Physico-Mathematicae oder Mathematische und Philosophische Erquickstunden, Band 1–3. Frankfurt am Main 1991.

Huber, Volker: Caspar Schott und sein Beitrag zur Zauberliteratur. Hubers magisch-bibliographische Erquickstunden. 4.–6. Teil. Magie 68 (1988), S. 134–136, 167–168, 203–204.

## Anmerkungen

[1] (Kaspar Schott): Ioco-seria naturae et artis, Würzburg 1666.

[2] Die Tiefe ergibt sich aus den Längen der 5 Jungen, die bis auf den Grund reichen. (SCHOTT geht allerdings von einem Misserfolg der Messung aus, weil der oberste Junge die Winde loslässt.)

[3] Die unbekannte Baumhöhe erhält man mit Hilfe der Verhältnisgleichung: $\overline{AB} : \overline{AC} = \overline{DE} : \overline{DC}$.

[4] Kaspar Schott: Magia universalis naturae et artis. Würzburg 1657, Vorwort des ganzen Werks.

# Schotts Verleger und Drucker

*Eva Pleticha-Geuder*

**„Excudebat Typographus Herbipolensis“. Die Würzburger Drucke des Kaspar Schott**

An Kaspar Schott und seinem Freund und Lehrer Athanasius Kircher kommt kaum ein neueres Werk vorbei, das sich mit der Thematik naturwissenschaftlicher Illustration in der frühen Neuzeit beschäftigt[1].
Doch soweit erkennbar, befassen sich alle diese Arbeiten mit den Inhalten der Bilder: von künstlerischen Darstellungsweisen und Fragen des Sehens, bis hin zu philosophischen Aspekten wie Objektivität, Wahrheit und Verständnis. Keine dieser Arbeiten streift die eher praktische Frage, wie die Texte und Bilder aus dem Kopf des Wissenschaftlers aufs Papier kamen, wie die Drucke entstanden, die uns neben handschriftlichem Material häufig als einzige Quellen über den Fortschritt von Erkenntnis und Wissen in dieser Zeit unterrichten. Die Quellenlage zu Fragen der Druckgeschichte einzelner Werke in dieser Zeit ist freilich in der Regel schlecht, selbst dann, wenn – wie im Falle Schotts – wissenschaftliche Briefe erhalten sind.

Naturwunder: Frontispiz der *Magia universalis IV*

## Personen: Die Würzburger Drucker-Verleger in der zweiten Hälfte des 17. Jahrhunderts

### *Universitätsbuchdrucker*

Suchte ein Wissenschaftler in früheren Zeiten einen Drucker-Verleger seiner Werke, so stand ihm – sofern er Mitglied einer Universität war – natürlich der örtliche Universitätsbuchdrucker zur Verfügung. Die Vergabe eines Auftrags an die Druckereien vor Ort bot sich vor allem auf Grund der nach heutigen Vorstellungen schlechten Kommunikations- und Transportwege einfach an. Trotzdem aber ließ etwa ATHANASIUS KIRCHER einen Teil seiner Schriften nicht in Rom drucken, sondern im weit entfernten Amsterdam bei JANSSONIUS VAN WAESBERGE – der bedeutende Wissenschaftler wollte wohl in einem ebenso bekannten Verlagshaus publizieren[2], das dann auch für eine optimale Verbreitung seiner Werke über internationale Tauschbeziehungen mit anderen Druckern und über Besuch der Buchmessen sorgen konnte.

### *Zinck und Gaßner*

Die Situation im Würzburger Buchdruck nach dem Dreißigjährigen Krieg, die SCHOTT in der Stadt vorfand, war unklar[3]. Der Universitätsbuchdrucker ELIAS MICHAEL ZINCK d. Ä. – er druckte von 1627 bis zu seinem Tod 1659 und brachte 1631 auch den einzigen Würzburger Druck eines Werkes des ATHANASIUS KIRCHER heraus – wurde 1636 als Universitätspedell entlassen, was zugleich das Ende seiner Tätigkeit als Universitätsbuchdrucker bedeutet haben dürfte: Ursache war vermutlich, dass er zu eng mit den Schweden zusammenarbeitete, denn er druckte unter anderem einen Wappenkalender für BERNHARD von Sachsen-Weimar. Sein gleichnamiger Sohn ELIAS MICHAEL ZINCK d. J. (geboren wohl 1645, gestorben 1687) durfte erst ab 1666 die Offizin (Werkstatt) des Vaters führen und druckte dann zahlreiche Würzburger Dissertationen. In den dazwischen liegenden Jahren führte SYLVESTER GAßNER die Offizin weiter. Neben GAßNER war auch ein Kupferstecher, ANDREAS SPÄTH, für die Offizin Zinck tätig[4].
GAßNER stammte aus Tirol, wurde 1655 Bürger in Würzburg, verschwand wohl 1667 einfach aus der Stadt und ließ Frau und kleine Kinder unversorgt in Würzburg zurück. Patin einer der Töchter GAßNERS war übrigens ANNA MARIA HERTZ, die Ehefrau des Buchdruckers JOHANN JOBST HERTZ[5]. GAßNER ist auch Auftraggeber für einen Druck des JOHANN JOBST HERTZ aus dem Jahr 1663 gewesen[6]. Es bestanden also offenbar geschäftliche Beziehungen zwischen HERTZ und GAßNER, die man dann – wie in den Quellen vielfach für die Würzburger Buchdrucker belegt – durch die Übernahme einer Patenschaft oder als Trauzeuge und ähnliches vertiefen wollte.

### *Pigrin*

Neuer Universitätspedell war seit 1639 HEINRICH PIGRIN (eigentlich HEINRICH FAULHABER) gewesen, der aus Lippe in Westfalen zugewandert war. Er konnte unter anderem die erforderlichen Lateinkenntnisse vorweisen. Seit 1642 sind Drucke von ihm als Universitätsbuchdrucker erschienen. Vermutlich führte er zumindest zeitweise auch den Titel Universitätsbuchhändler, wogegen 1641 der Konkurrent NICOLAUS BENCARD klagte. PIGRIN verfügte in seiner Druckerei auch über Druckstöcke des ersten Universitätsbuchdruckers HEINRICH VON ACH, stand also in der Nachfolge der früheren Würzburger Universitätsbuchdrucker. Entsprechend besaß er zunächst ein Haus in der Kettengasse, das traditionell dem Universitätsbuchdrucker gehörte, später dann ein Haus „vor der Brucken", also am Aufgang von der Domstraße zur Alten Mainbrücke. PIGRIN war der erste Würzburger Drucker des KASPAR SCHOTT; bei ihm entstand 1657 *Mechanica hydraulico-pneumatica*, die erste Veröffentlichung SCHOTTS überhaupt.

Sumptu Heredum JOANNIS GODEFRIDI Schönwetteri,
Bibliopol: Francofurtens.
*Excudebat* HENRICUS PIGRIN *Typographus Herbipoli,*
ANNO M. DC. LVII.

Impressum: *Mechanica*

PIGRIN starb 1658 und wurde am 19. August in der Franziskanerkirche begraben, die Ehefrau war bereits einige Monate zuvor gestorben, Kinder und Erben gab es offenbar nicht. Das Haus „vor der Brucken" ging spätestens zu diesem Zeitpunkt in den Besitz von JOHANN JOBST HERTZ über.

### *Johann Jobst Hertz*

Mit dem Haus erwarb HERTZ sicher die Ausstattung der Druckerei und musste auch sofort einen Auftrag PIGRINS fertig stellen: dieser arbeitete nämlich an der *Magia universalis* des KASPAR SCHOTT, die insgesamt 4 Bände umfasste und im Auftrag des Frankfurter Verlegers SCHÖNWETTER erschien. Bereits der zweite Band wurde laut Impressum von Hertz gedruckt.

*Cum Figuris æri incisis, & Privilegio Sacræ Cæsareæ Majestatis.*
Sumptibus Hæredum JOANNIS GODEFRIDI SCHÖNWETTERI
Bibliopol. Francofurtens.
HERBIPOLI,
*Excudebat Iobus Hertz Typographus Herbipolensis,*
ANNO M. DC, LVII.

Impressum: *Magia universalis II*

JOHANN JOBST HERTZ stammte aus Erfurt, wo es eine Offizin Hertz gab. Die Verwandtschaft konnte im Einzelnen bisher nicht geklärt werden[7]. Die Erfurter Druckerei bestand seit 1625, es gibt aber auch einen evangelisch-lutherischen Pfarrer mit diesem Familiennamen. Drucker dieses Namens waren offenbar auch wanderfreudig, JOHANN GEORG HERTZ druckte in Wien, ehe er sich wieder in Erfurt niederließ. Einen GIOVANNI GIACOMO HERTZ gab es in der 2. Hälfte des 17. Jhs. in Venedig. Was JOHANN JOBST bewog, sich spätestens 1654 in Würzburg niederzulassen – in diesem Jahr heiratete er hier – ist ungewiss. Zwar war der Würzburger Fürstbischof JOHANN PHILIPP VON SCHÖNBORN (1605–1673) als Mainzer Kurfürst auch Landesherr in Erfurt, einen Beleg dafür, dass er HERTZ nach Würzburg holte, gibt es aber nicht. JOHANN JOBST HERTZ, dessen Geburtsjahr unbekannt ist, war seit 1660 Bürger in Würzburg, er war zweimal verheiratet und hatte mehrere Kinder, von denen der Sohn (Johann) MARTIN FRANZ (getauft am 4.12.1668, bestattet am 21.6.1734) die Offizin 1707 übernahm. JOHANN JOBSTS zweiter Vorname leitet sich von „Jodocus" ab, er nennt sich zum Teil in seinen Drucken aber selbst „Hiob", was auf einer falschen Ableitung beruhen dürfte (über „Job" für Hiob). Er besaß zunächst das erwähnte Haus „vor der Brucken", das er 1692 an die fürstbischöfliche Kammer verkaufte, dann ein Haus hinter dem Reurerkloster mit Garten, das er 1682 veräußerte, und seit 1674 das Haus „zum vorderen Biber" in der Wolfhartsgasse. Dieses Haus erbte sein Sohn und Nachfolger, der außerdem noch Eigentümer von 8 Morgen Weinbergen war[8]. JOHANN JOBST HERTZ wurde am 11. August 1712 in der Franziskanerkirche beigesetzt.

Betrachtet man die etwa 130 Werke von JOHANN JOBST HERTZ, die er bis zum Jahr 1700 druckte, so fällt auf, dass er verschiedene Formulierungen für das Impressum findet: er nennt sich selbst „Typographus Herbipolensis" (also: Würzburger Buchdrucker), gibt an „Ex officina typographica ..." (also: aus der Buchdruckerwerkstatt) oder „Typis ... " (also: mit den Typen, Schriften) oder „Excudebat ..." (also: Es führte aus...) und ähnliche Varianten. Er verwendete aber nie die Bezeichnung Typographus aulicus (Hofbuchdrucker) oder Typographus universitatis (Universitätsbuchdrucker). Auch waren weder JOHANN JOBST noch sein Sohn an der Universität immatrikuliert, was ebenfalls zeigt, dass er kein Universitätsamt ausübte. Er war also der erste Würzburger Drucker, der über lange Jahre einen Betrieb ohne den Rückhalt eines Amtes bei Hofe oder bei der Universität, und damit ohne gesichertes Einkommen, führte. Nur bei einem Teil der von ihm gedruckten Werke war er zugleich Verleger, also „Drucker-Verleger" im eigentlichen Sinn, wie für den frühen Buchdruck typisch. Viele seiner Werke druckte er im Auftrag auswärtiger Firmen.

Die Liste der Autoren, die er druckte, ist zum Teil erstaunlich: da ist PAUL FELGENHAUER, Theosoph und Chiliast[9], aber auch JOHANN FRIEDRICH KARG VON BEBENBURG, würzburgischer Geheimrat und später Kanzler des bayerischen Herzogs[10], oder TIMOTHEUS LAUBENBERGER, einer der Konvertiten am Mainzer Hof unter JOHANN PHILIPP VON SCHÖNBORN[11]. Spektakuläres Verlagswerk bei HERTZ war die „Neue Jerosolymitanische Reise" des IGNATIUS EGGS, von HERTZ ausdrücklich mit „gedruckt und verlegt" bezeichnet; HERTZ stattete diese zweite Ausgabe des Reiseberichts des Freiburger Jesuiten mit zahlreichen Kupfertafeln und Holzschnitten aus.

Von SCHOTT stammt die *Arithmetica practica*, die HERTZ 1662 und dann gleich als zweite Auflage 1663 noch einmal als Verleger publizierte.

### *Bencard*

Noch ein weiterer Name taucht im Würzburger Buchwesen der Zeit auf, und auch er ist mit JOHANN JOBST HERTZ in Verbindung zu bringen:

die Buchhändler (bibliopola) BENCARD[12], bei denen die Verlagstätigkeit eine Nebentätigkeit neben dem Buchhandel darstellte. NICOLAUS BENCARD war 1602 in Versbach geboren worden. Auch er wollte die Stelle des Universitätspedells übernehmen, scheiterte jedoch an mangelnden Lateinkenntnissen. 17 Drucke in seinem Auftrag aus den Jahren 1640 bis 1654 sind bisher nachgewiesen. NICOLAUS BENCARD starb wohl 1654. Die Firma wurde durch seinen Sohn JOHANN BENCARD (1632–1679) weitergeführt, der auch Aufträge an HERTZ vergab. Mit HERTZ hatte er 1659 eine Auseinandersetzung, da dieser offenbar mehr Exemplare als vereinbart gedruckt hatte. Hintergrund der Auseinandersetzung zwischen BENCARD und HERTZ kann eigentlich nur sein, dass HERTZ mehr Exemplare druckte, um sie dann auf eigene Rechnung zu verkaufen, was dem Auftraggeber natürlich nicht Recht war. Die BENCARD zogen schließlich nach Dillingen und von dort nach Augsburg, wo sie eine erfolgreiche Verlagstätigkeit entfalteten.
Bei dem Streitobjekt muss es sich um eine 1658 erschienene jesuitische Streitschrift des MELCHIOR CORNAEUS (1598–1665) handeln, die den schönen Titel trägt: „Anima Separata Monopisti Sive Disputatio Pitzliputzlii cum anima Monopisti Acatholici“. HERTZ druckte übrigens, vielleicht von diesem finanziert, mehrere Schriften des CORNAEUS, der Professor der Dogmatik und Kontroverstheologie in Würzburg und zeitweise auch Rektor der Universität war, und unter anderem KIRCHER der Häresie beschuldigte, gegen welchen Vorwurf diesen SCHOTT im Anhang zu *Iter ex[s]taticum* (Ausgabe 1660 bei Hertz) in Schutz nahm.

## Personen: Die auswärtigen Auftraggeber

Nur ein Teil der Drucke des JOHANN JOBST HERTZ erschien bei ihm als eigenes Verlagswerk, wobei wir davon ausgehen können, dass zum Teil die Autoren diese Drucke finanziert haben dürften. Für Würzburg neu und auffällig ist die Zusammenarbeit der Offizin Hertz mit auswärtigen Verlegern. Weit verbreitet waren zum Beispiel die zahlreichen Erstausgaben, die MICHAEL FRANZ HERTZ zu Beginn des 18. Jhs. von den Werken des berühmten Barockpredigers ABRAHAM A SANCTA CLARA im Auftrag des Nürnberger Verlegers CHRISTOPH WEIGEL anfertigte.

Auch die Werke KASPAR SCHOTTS erschienen als Verlagswerke von Frankfurter und Nürnberger Auftraggebern, den SCHÖNWETTER und den ENDTER. Dazu findet man dann Formulierungen wie „Sumptibus Haeredum Joannis Godefridi Schönwetteri Bibliopol(ae). Francofurtens(is).“ (z.B. im 2. Band der *Magia universalis*), also: Auf Kosten der Erben des Johann Gottfried Schönwetter, Buchhändler in Frankfurt, oder „Sumptibus Viduae et Haeredum...“, also: Auf Kosten der Witwe und Erben...“ (in: *Mathesis Caesarea*).

HERBIPOLI
Sumptibus Viduæ & Hæredum JOANNIS GODEFRIDI
SCHÖNWETTERI Bibliopolæ Francofurtensis,
*Cum Privilegio Cæsareo, & facultate Superiorum,*
Excudit JOBUS HERTZ Typographus Herbipolensis
*ANNO M.DC.LXII.*

Impressum: *Mathesis Caesarea*

*Schönwetter in Frankfurt/M.*

JOHANN GOTTFRIED SCHÖNWETTER[13] war Sohn des Begründers der Offizin Schönwetter, JOHANN THEOBALD SCHÖNWETTER (†1657), der eine Tochter des Frankfurter Druckers JOHANN SPIEß geheiratet hatte und mit ihr die Offizin. Die Firma Schönwetter galt als angesehener wissenschaftlicher Verlag. JOHANN GOTTFRIED SCHÖNWETTER aus zweiter Ehe lebte von 1609 bis 1656 – seine dritte Ehefrau MARIA ELISABETH SCHÖNWETTER ist die hier als selbständige Geschäftsfrau auftretende Witwe, die die Geschäfte auch im Namen der noch unmündigen Kinder und mit Hilfe eines so genannten Faktors, eines ausgebildeten Buchdruckers, weiterführte. All dies – Einheirat in eine bestehende Offizin, mehrfache Ehen – ist typisch für das Buchgewerbe der Zeit und auch immer wieder in Würzburg zu beobachten.

Konstruktionen: *Mathesis Caesarea*, S. 137 (Iconismus E)

Bei der *Mathesis Caesarea* (1662) und bei *Anatomia physico-hydrostatica* (1663) firmiert die Witwe SCHÖNWETTER nicht in Frankfurt, sondern in Würzburg. 1663 heiratete sie JOHANN ARNOLD CHOLIN aus Köln, der in die Firma eintrat. CHOLIN versuchte, mit modernen Vertriebsmethoden den Absatz der Firma zu steigern, verlegte aber im wesentlichen weiter die SCHÖNWETTERschen Erfolgstitel, die er auswärts drucken ließ, unter anderem mit Druckort Aschaffenburg oder Mainz. Ab 1666 firmiert CHOLIN als Verleger in Bamberg (bis 1679), zeitweise aber immer noch als Frankfurter Buchhändler. 1680, vermutlich nach einem Streit mit den Stiefkindern, die nun längst in der Firma selbst aktiv waren, verließ er die Offizin.

CHOLIN verlegte auch einige der älteren Werke SCHOTTS. So mit Verlagsort Bamberg die 2. Auflage der *Magia universalis* (1672), sowie *Pantometrum Kircherianum* (2. Auflage 1668), *Ioco-seria* (2. Auflage 1667, und 1. deutschsprachige Auflage 1672) und *Cursus mathematicus* (2. Auflage 1674) in Frankfurt. 1671 veröffentlichte CHOLIN in Bamberg auch einen deutschsprachigen Auszug aus *Magia universalis* mit dem Titel *Magia optica*.

Apud JOANNEM ARNOLDUM CHOLINUM
Bibliopolam Francofurtenſem.
*HERBIPOLI*
Excudebat JOBUS HERTZ Typographus Herbipolenſis.
Anno M. DC. LXIX.

Impressum: *Pantometrum Kircherianum*

1677 begann CHOLINS Stiefsohn JOHANN MARTIN CHOLIN (1652–1718) mit seiner Geschäftstätigkeit. Er verlegte in Bamberg in dem einzigen Jahr 1677 eine dritte Auflage des *Cursus mathematicus* (vierte und letzte Auflage dann Frankfurt 1699), eine zweite Auflage der *Magia optica*, schließlich eine zweite deutschsprachige Auflage der *Ioco-Seria* und eine weitere Ausgabe der *Magia universalis* (alle vier Bände). Die Drucker sind bei diesen späteren Auflagen nicht mehr angegeben.

### *Endter in Nürnberg*

Der zweite große SCHOTT-Verleger waren die Brüder ENDTER in Nürnberg[14]. Noch während der Geschäftsbeziehungen zu den SCHÖNWETTER begannen SCHOTT und HERTZ mit dem bekannten Nürnberger Buchhandelshaus zusammenzuarbeiten. Die Firma Endter bestand seit 1590. Sie trug maßgeblich zum Aufstieg Nürnbergs zum führenden Buchhandelsplatz in Süddeutschland bei. Die ENDTER waren ausgesprochen geschäftstüchtig und sind für ihre zahlreichen Nachdrucke bekannt, die sie von erfolgreichen Titeln in geringfügiger Abänderung der Originalausgaben herausbrachten. Nach unseren heutigen Vorstellungen ist dies ein klarer Verstoß gegen das Urheberrecht gewesen, im 17. und 18. Jahrhundert war dies aber gängige Geschäftspraxis.

Erstes gemeinsames Verlagsobjekt war SCHOTTS Bearbeitung von KIRCHERS *Iter ex[s]taticum*, die 1660 herauskam (2. Auflage dann ebenfalls bei ENDTER 1671, in beiden Fällen ohne Druckerangabe). Als Erscheinungsort ist Würzburg angegeben, sei es aus Gründen der Zensur oder um eine leichtere Verbreitung zu garantieren, als Verleger treten auf: JOHANN ANDREAS ENDTER (1625 und 1670) und die Erben von WOLFGANG ENDTER junior. Diese Erben waren Söhne von WOLFGANG d. J., der 1655 verstorben war, noch vor seinem Vater WOLFGANG d. Ä., gestorben 1659.

Sumptibus JOHANNIS ANDREÆ ENDTERI, & WOLFGANGI Junioris Hæredum.
Excudebat JOBUS HERTZ Typographus Herbipol.
Anno M. DC. LXIV.
Proſtant Norimbergæ apud dictos Endteros.

Impressum: *Technica curiosa*

Als nächstes erschien 1662 *Physica curiosa* bei ENDTER, weitere Auflagen 1667 und zuletzt 1697, diesmal mit WOLFGANG MORITZ ENDTER (1653–1723), dem Sohn WOLFGANGS d. J., als Verleger. Bei der Verlagsgemeinschaft aus JOHANN ANDREAS und WOLFGANGS Erben kamen heraus: *Technica curiosa* 1664 (mit einer 2. Auflage 1687 bei WOLFGANG MORITZ ENDTER); *Schola steganographica* 1665 und erneut 1680; und schließlich *Organum mathematicum* 1668.

Im 18. Jahrhundert erschienen von KASPAR SCHOTT noch einige Neuauflagen von Auszügen aus der *Magia universalis*: *Magia optica* bei Brönner in Frankfurt 1740; *Magia pyrotechnica* in Wien bei Voit 1739 und *Magia physiognomica* Graz 1742. Schließlich erschien noch eine weitere Ausgabe von *Arithmetica practica* 1763 in „Tyrnaviae“, das ist die slowakische Stadt

Basler Brunnen: *Technica curiosa*, zu S. 333 (Iconismus XVI)

Trnava (deutsch Tyrnau), damals Sitz einer Universität.

Eine kritische Auswahl der Werke erschien außerdem noch in Frankreich: "Notice raisonnée des ouvrages de Gaspar Schott, Jesuite; contenant des observations curieuses sur la physique expérimentale, l'histoire naturelle et les arts" von „M. L'Abbé M...", das ist Barthélemi Mercier (Paris 1785)

Im 20./21. Jh. sind inzwischen einige Faksimiles erschienen: *Technica curiosa* 1977 und *Physica curiosa* 2003, beide bei Olms in Hildesheim. Alle Titel sind mittlerweile auch als Digitalisate im Internet zu finden.[15]

## Gemeinsame Merkmale: Zensur, Druckprivilegien, Widmungsempfänger

### *Zensur*

Alle Werke SCHOTTS unterlagen natürlich, wie in dieser Zeit üblich, der Zensur. Zensur gab es in Würzburg fast seit den Anfängen des Buchdrucks, sie folgte weltlichen Vorgaben durch die Reichsabschiede und geistlichen Vorgaben durch päpstliche Bullen. Die Ausübung der Zensur wurde im Heiligen Römischen Reich Deutscher Nation dadurch erleichtert, dass Buchdruck nur in den Hauptstädten der Territorien stattfinden durfte, wo ja häufig eine Universität bestand, die dann kompetente Zensoren stellen konnte. Dies gilt auch für das Hochstift Würzburg. Zu SCHOTTS Zeit wurde Zensur von einem einzigen dazu bestimmten Zensor ausgeübt.

Ordensinterne Zensoren werden in den Werken des Jesuiten SCHOTT namentlich genannt: zuständig waren RICQUINUS GÖLTGENS für *Pantometrum Kircherianum*, *Iter ex[s]taticum*, *Cursus mathematicus*, *Physica curiosa* und *Mathesis Caesarea*. JOHANNES BERTHOLDUS war Zensor für *Anatomia physico-hydrostatica*, *Technica curiosa* und *Schola steganographica*, GOSWIN NICKEL für *Ioco-seria* und gemeinsam mit NITHARD BIBER für *Mechanica hydraulico-pneumatica*, PETRUS DEUMER für die *Magia universalis* und *Magia Optica*. Diese Werke wurden dann „Cum facultate Superiorum", also mit Einverständnis der Ordensoberen, publiziert (so unter anderem auf dem Titelblatt von *Mathesis Caesarea* zu lesen). Der Jesuit RICQUINUS GÖLTGENS war zunächst an der Universität Heidelberg tätig, später Rektor der Bamberger Universität. GOSWIN NICKEL (1582–1664) war seit 1652 zehnter Ordensgeneral der Jesuiten in Rom, NITHARD BIBER

ebenfalls Jesuitenpater, der unter anderem mit KIRCHER korrespondiert hatte. PETRUS DEUMER war Provinzial der oberrheinischen Jesuitenprovinz, der auch BIBER und GÖLTGENS angehörten.[16]
Die Publikation der *Ioco-seria* wurde sogar ausdrücklich vom Orden untersagt, weshalb das Werk ohne Zensurvermerk und Privileg erschien, was SCHOTT dann einen ordensinternen Verweis einbrachte.[17]

### *Druckprivilegien*

Auffallender Weise versuchte kein Druckerverleger der Zeit, die Werke SCHOTTS nachzudrucken. Auch die ENDTER, die etwaige finanzielle Probleme anderer Verleger nutzten, um Bücher in die eigene Produktion zu übernehmen, und auch für ihren Nachdruck bekannt sind, respektierten die Publikationen SCHOTTS bei den SCHÖNWETTER. Vor Nachdruck schützten einzig – in einem gewissen Rahmen – Druckprivilegien durch die Obrigkeit, sei es regional für das Hochstift Würzburg oder Kaiserliche Druckprivilegien für das gesamte Heilige Römische Reich Deutscher Nation. Ein solches Druckprivileg „Cum Privilegio" oder „Cum Privilegio Caesareo" ist unter anderem in der *Mathesis Caesarea*, in der *Magia universalis*, *Pantometrum*, *Cursus mathematicus*, *Physica curiosa*, *Anatomia*, *Schola* ausdrücklich vermerkt.

### *Widmungsempfänger*

Viele der Drucke des KASPAR SCHOTT sind einem Widmungsempfänger zugeeignet. Mit Widmungen verband sich natürlich deutlich der Wunsch, dass sich der Widmungsempfänger in irgendeiner Form revanchieren möge, sei es in Form von barer Münze, in Form eines Amtes oder Auftrags oder in Form ideeller Unterstützung. Und je höher der Autor dabei greifen durfte, umso respektierter war er selbst natürlich – und umso höher sein Selbstbewusstsein.
Widmungsempfänger von SCHOTTS erstem Werk, der *Mechanica hydraulico-pneumatica*, waren der verehrte Lehrer und Freund ATHANASIUS KIRCHER sowie der Landesherr, Kurfürst JOHANN PHILIPP VON SCHÖNBORN.
Das zweite Werk, die *Magia universalis*, hat verschiedene Empfänger: Teil 1, die „Optica", war dem Bamberger Fürstbischof PHILIPP VALENTIN VOIT VON RIENECK (1612–1672) zugeeignet, Teil 2, „Acustica", den Würzburger Domherren FRANZ LUDWIG FAUST VON STROMBERG und JOHANN HARTMANN VON ROSENBACH.[18]
Der dritte Titel *Pantometrum Kircherianum* ist einem mecklenburgischen Herzog gewidmet, und zwar CHRISTIAN LUDWIG I. (1623 –1692) von Mecklenburg-Schwerin, der überwiegend in Paris lebte und dort 1663 zum Katholizismus konvertierte[19], aber wie die Widmung zeigt, schon Jahre vorher Kontakte zum Umkreis des Mainzer Kurfürsten hatte, ohne dass er zum engeren Kreis der Konvertiten in Mainz gezählt wird[20].
Ebenfalls 1660 erschien *Iter ex[s]taticum*, gewidmet JOACHIM VON GRAVENEGG, 1644–1671 Fürstabt von Fulda, der in Briefkontakt mit KIRCHER stand [21].
Es folgte der *Cursus mathematicus*, in den ersten drei Auflagen Kaiser LEOPOLD I. (regierte 1655–1705) gewidmet.
Widmungsempfänger der *Physica curiosa* war ADAM AMANDUS KOCHAŃSKI (1631–1700), ein berühmter Mathematiker, der auch in Würzburg lehrte, Briefpartner von LEIBNIZ und GOTTFRIED KIRCH, schließlich Hofmathematiker und Bibliothekar von König JOHANN III. SOBIESKI in Warschau war – auf diese Weise sorgte SCHOTT natürlich sehr geschickt für seine Verbreitung in der Gelehrtenwelt. Außerdem wurde durch das Werk der pfälzische Kurfürst KARL I. LUDWIG (1617–1680) angesprochen, übrigens ein überzeugter Calvinist und bekanntermaßen sparsam.[22]
Die *Mathesis Caesarea* wurde Erzherzog KARL JOSEPH übereignet; KARL JOSEPH war Sohn Kaiser FERDINANDS III., in den Jahren 1662 bis 1664 Hochmeister des Deutschen Ordens, zugleich Bischof von Olmütz, Passau und Breslau – und dies alles in jugendlichem Alter, denn er starb bereits mit nicht einmal 15 Jahren 1664[23].
Die *Technica curiosa* ist wiederum JOHANN PHILIPP VON SCHÖNBORN gewidmet.
Für die *Schola steganographica* wurde der Baden-Badener Markgraf FERDINAND MAXIMILIAN (1625–1669) ausgewählt, der mit einer Tante des Prinzen EUGEN verheiratet war und wie der mecklenburgische Herzog CHRISTIAN LUDWIG zeitweise in Paris lebte[24].

JOHANN PHILIPP VON SCHÖNBORN: *Technica curiosa*

Die *Ioco-Seria* haben zwei Widmungsempfänger: ZACHARIAS STENGLIN und Erzherzog LEOPOLD WILHELM von Österreich. STENGLIN (1604–1674) war Ratssyndikus in Frankfurt/Main und Herzoglich Württembergischer Rat und Teilnehmer an den Verhandlungen zum Westfälischen Frieden; der Erzherzog (1614–1662), Bruder Kaiser FERDINANDS III., war Statthalter der Niederlande, Hochmeister des Deutschen Ordens, Bischof von Halberstadt, Magdeburg, Olmütz, Passau, Breslau und Straßburg, Feldherr und herausragender Kunstsammler[25].

Das postum erschienene *Organum mathematicum* schließlich weist gleich drei Empfänger aus: den Hochmeister JOHANNES CASPAR VON AMPRINGEN (1664–1684), den bereits erwähnten Erzherzog KARL JOSEPH und Kaiser LEOPOLD I. Für KARL JOSEPH war das *Organum mathematicum* als Lehrbuch bestimmt gewesen[26].

Von den im 17. Jahrhundert erschienenen Werken haben allein die *Anatomia* und die *Magia optica* keinen Widmungsempfänger. OTTO VON GUERICKE, dem SCHOTT heute viel von seinem Nachruhm verdankt, widmete er im Übrigen keines seiner Werke.

**Gemeinsame Merkmale: Ausstattung**

Bemerkenswert – und heute für die hohen Preise auf dem Antiquariatsmarkt mitverantwortlich – sind bei SCHOTTS Werken die vielen Kupferstiche und Holzschnitte, mit denen die Arbeiten ausgestattet sind. Diese Abbildungen waren zum einen für die Verdeutlichung der vorgestellten Experimente und Berechnungen unerlässlich, andererseits verleihen sie den Bänden auch einen repräsentativen Charakter.

*Frontispize*

Besonders das *Frontispiz*, also die bildliche Darstellung auf der dem eigentlichen Titelblatt links gegenüber liegenden Seite, oder auch die so genannten *Titelkupfer*, die auf dem Titelblatt eingefügten Kupferstiche, und die *Dedikationsbilder* sollten natürlich weniger den Wissenschaftler ansprechen als den Bücherfreund oder den Widmungsempfänger.

Die Frontispize enthalten oft – im Gegensatz zur umfangreichen Titelformulierung auf der eigentlichen Titelseite – einen Kurztitel, die Autorenangabe, eventuell Hinweise auf den Widmungsempfänger. Und sie sind in SCHOTTS Werken in der Regel auch die einzigen Abbildungen, die eine Signatur tragen und so bestimmten Künstlern zuzuschreiben sind.

Daneben sind die Bücher natürlich ganz im Stil der Zeit noch mit Initialen (*Mechanica*), Schmuckleisten und Vignetten ausgestattet. Die verwendeten Schmuckleisten und Vignetten erinnern an die Würzburger Buchgestaltung um 1600, als im Umkreis der Drucker um JULIUS ECHTER Teile des von JOST AMMAN entworfenen Buchschmucks für die Frankfurter Offizin Feyerabend auftauchten – offenbar hat HERTZ hier vorhandenes Material an Lettern und Druckstöcken weiterverwendet.

*Drucke des Verlags Schönwetter*

Die *Mechanica hydraulico-pneumatica* enthalten ein Frontispiz, eine Wappenseite mit dem Wappen des Widmungsempfängers JOHANN PHILIPP VON SCHÖNBORN sowie unter anderem 55 ganzseitige Kupfertafeln, dazu kommen Holzschnitte im Text. Das Frontispiz zeigt hier natürlich eine Allegorie auf den Widmungsempfänger, passend zum über allem schwebenden Motto „Fons Pulcher surficit undas“ (Eine schöne Quelle = Schönborn = erzeugt Wellen). Allein Bild 55 ist signiert, und zwar von ANDREAS FRÖHLICH. Dieser aus Sachsen stammende Kupferstecher starb 1671 in Frankfurt/ Main, wo er mindestens seit Ende der fünfziger Jahre tätig war[27].

FRÖHLICH war auch für die zweite SCHÖNWETTERsche SCHOTT-Edition tätig, für die *Magia universalis*. Das unsignierte Frontispiz von Band 1 zeigt in der Mitte unten das Wappen des Widmungsempfängers, des Fürstbischofs PHILIPP VALENTIN, links das Bamberger Wappen (einen mit Schrägfaden überdeckten schreitenden Löwen), rechts das VOIT VON RIENECKsche Familienwappen, einen Widder.

*Mechanica hydraulico-pneumatica*: Frontispiz

*Magia universalis:* Ausschnitt aus dem Frontispiz

Derselbe Kupfertitel (mit verändertem Text im Lorbeerkranz) taucht bei dem deutschsprachigen Auszug *Magia optica* wieder auf. Band 2 enthält im Kupfertitel einen Wappenschild mit einem kurzen Widmungstext; signiert ist das Ganze von „Jacobus Ambling Medic. Doct. Invent.", also als „Erfindung" eines Mediziners namens JACOB AM(B)LING[28].

Das *Pantometrum Kircherianum* zeigt auf dem Kupfertitel das Porträt des Widmungsempfängers CHRISTIAN von Mecklenburg-Schwerin mit seinem Wappen, allerdings in den beiden Auflagen in unterschiedlicher Ausführung. Während die Ausgabe 1660 ein von FRÖHLICH gestochenes Blatt zeigt, ist die Auflage von 1668 mit „J. Philipp Thelott" signiert[29], der unter anderem Mitte des 17. Jahrhunderts in Frankfurt/Main tätig war.

Der *Cursus mathematicus* wiederum ist ebenfalls von FRÖHLICH ausgestattet worden. Der Kupfertitel zeigt links oben thronend den Widmungsempfänger Kaiser LEOPOLD, der hier durchaus Porträtähnlichkeit haben dürfte. Die Bamberger Ausgabe 1677 verzichtet auf diesen Kupfertitel.

*Pantometrum Kircherianum:* Frontispiz

*Drucke des Verlags Endter*

*Iter ex[s]taticum* enthält in der 2. Ausgabe von 1671 neben dem Kupfertitel einen Kupferstich mit dem Wappen des Widmungsempfängers, des Fuldaer Fürstabtes, beides gestochen von JOHANN FRIEDRICH FLEISCHBERGER (1631–1665), einem Nürnberger Kupferstecher, der unter anderem auch an der so genannten Weimarer Bibelausgabe (ENDTER 1652) mitwirkte[30]. Auch an der *Technica curiosa* war wiederum FLEISCHBERGER beteiligt, ebenso an der *Schola steganographica*: bei beiden gestaltete er den Kupfertitel, bei der *Schola Steganographica* auch den großen Wappenkupferstich des Widmungsempfängers Markgraf FERDINAND MAXIMILIAN.

*Physica curiosa* wurden mit einem Kupfertitel eines der bekanntesten Künstler der Zeit geschmückt, von JAKOB VON SANDRART (1630 in Frankfurt geboren, 1708 in Nürnberg gestorben)[31].

*Mathesis Caesarea* enthält einen Kupfertitel von M. KÜSSEL. Dem Würzburger Exemplar wurden zwei Porträts eingebunden, die in anderen Exemplaren zu fehlen scheinen, also offenbar nicht zum Werk gehören: ein Porträt FRIEDRICHS III. von Dänemark und Norwegen von J. SANDRART und ein Porträt Kurfürst FRIEDRICH WILHELMS von Brandenburg eines Nürnberger Kupferstechers namens JOBST CHRISTOPH FUCHS. Ansonsten enthält dieser Druck neun von M. KÜSSEL signierte Kupferstiche mit antikisierenden Elementen[32]. „M. KÜSSEL" kann entweder MELCHIOR KÜSSEL (1626–um1683) oder MATTHÄUS KÜSSEL (1629–1681) bedeuten – die beiden betrieben in Augsburg Kupferstecherei und Verlag, eine Abgrenzung zwischen ihnen gilt als schwierig. MELCHIOR KÜSSEL war Schüler und Schwiegersohn von MATTHÄUS MERIAN. Der Nürnberger Verleger WEIGEL, für den unter anderem der Würzburger Drucker MICHAEL FRANZ HERTZ druckte, lernte bei MATTHÄUS KÜSSEL die Kunst der Radierung.[33]

*Technica cxuriosa:* Frontispiz

*Mathesis Caesarea:* Frontispiz

Das *Organum mathematicum* enthält Porträts der Widmungsempfänger JOHANN CASPAR VON AMPRINGEN, gezeichnet von JOAN. BAPTISTA (?), und von Erzherzog CARL JOSEPH, gemalt von C. DITTMANN, beide gestochen von C. N. SCHURTZ aus Nürnberg. CORNELIUS NICOLAUS SCHURTZ war Zeichner und Kupferstecher in der zweiten Hälfte des 17. Jahrhunderts; CHRISTIAN DITTMANN (um 1639–1701) lebte als Maler und Zeichner in Prag[34].

Das Frontispiz der *Anatomia* ist im Verhältnis zu den sonstigen Kupferstichen ausgesprochen unkünstlerisch, ungelenk. Es ist wie die Kupfertafeln im Band unsigniert. Auch Kupfertitel und Kupferstiche im Text der *Ioco-Seria* sind unsigniert.

Aus den signierten Frontispizen der Werke SCHOTTS kann man schließen, dass es wohl der jeweilige Verleger war, der sie vor Ort oder auf Grund persönlicher Beziehungen in Auftrag gab und bezahlte: SCHÖNWETTER war mehr auf Frankfurter Künstler orientiert, ENDTER auf Nürnberger. Dies entspricht dem üblichen Vorgehen, dass der Verleger die Stichvorlage erwarb und dann die Übertragung auf die Kupferplatte veranlasste (soweit er nicht ohnehin in Personalunion die Funktionen als Zeichner, Stecher und Verleger verband). Zwar sind einige der verwendeten Kupferstiche unspezifisch, das heißt sie könnten ebenso bei anderen Inhalten Verwendung finden – wo bloß Engel, Lorbeerkränze und andere verwendet wurden –, ansonsten hat man sich aber immerhin bemüht, Motive passend zum Inhalt des Buches zu gestalten.

### *Textillustrationen*

Ganz anders stellt sich die Frage bei den überaus zahlreichen Kupfertafeln im Text, die der Veranschaulichung der Sachverhalte dienten.

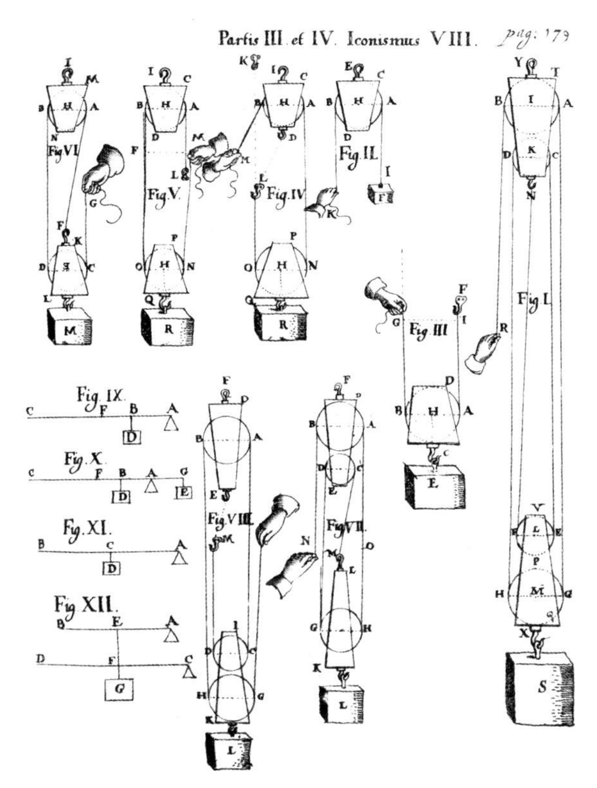


Flaschenzüge: *Magia universalis III*, zu S. 179 (Iconismus VIII)

Man muss davon ausgehen, dass zumindest Skizzen oder auch ausgearbeitete Vorzeichnungen vom Autor stammen, der sie nach der Umsetzung sicher auch korrigiert haben dürfte, hing von der korrekten Wiedergabe doch nicht selten das Verständnis der Leser ab. Lediglich das auftretende Personal, das als Staffage oder aktiv bei den Experimenten beteiligt ist – oft Engel oder antike Figuren –, sowie die Räume, in denen die Versuche veranstaltet wurden, dürften frei für eine künstlerische Ausgestaltung gewesen sein.

So dürfte etwa OTTO VON GUERICKE 1662 eine grobe Skizze an SCHOTT geschickt haben, in der er seinen berühmten Versuch erläuterte; wobei irgendwo bei der Umsetzung in Würzburg nicht völlig exakt gearbeitet wurde, ist doch die entsprechende Tafel in GUERICKES eigenem Werk *Experimenta nova Magdeburgica*, Amsterdam 1672, wesentlich genauer[35].

Ist schon das Verhältnis Wissenschaftler – Künstler nur vage zu beschreiben, so bleibt die Person der jeweiligen Künstler völlig im Dunkeln. Zwar gab es an der Universität Würzburg bereits in dieser Zeit Universitätskupferstecher,

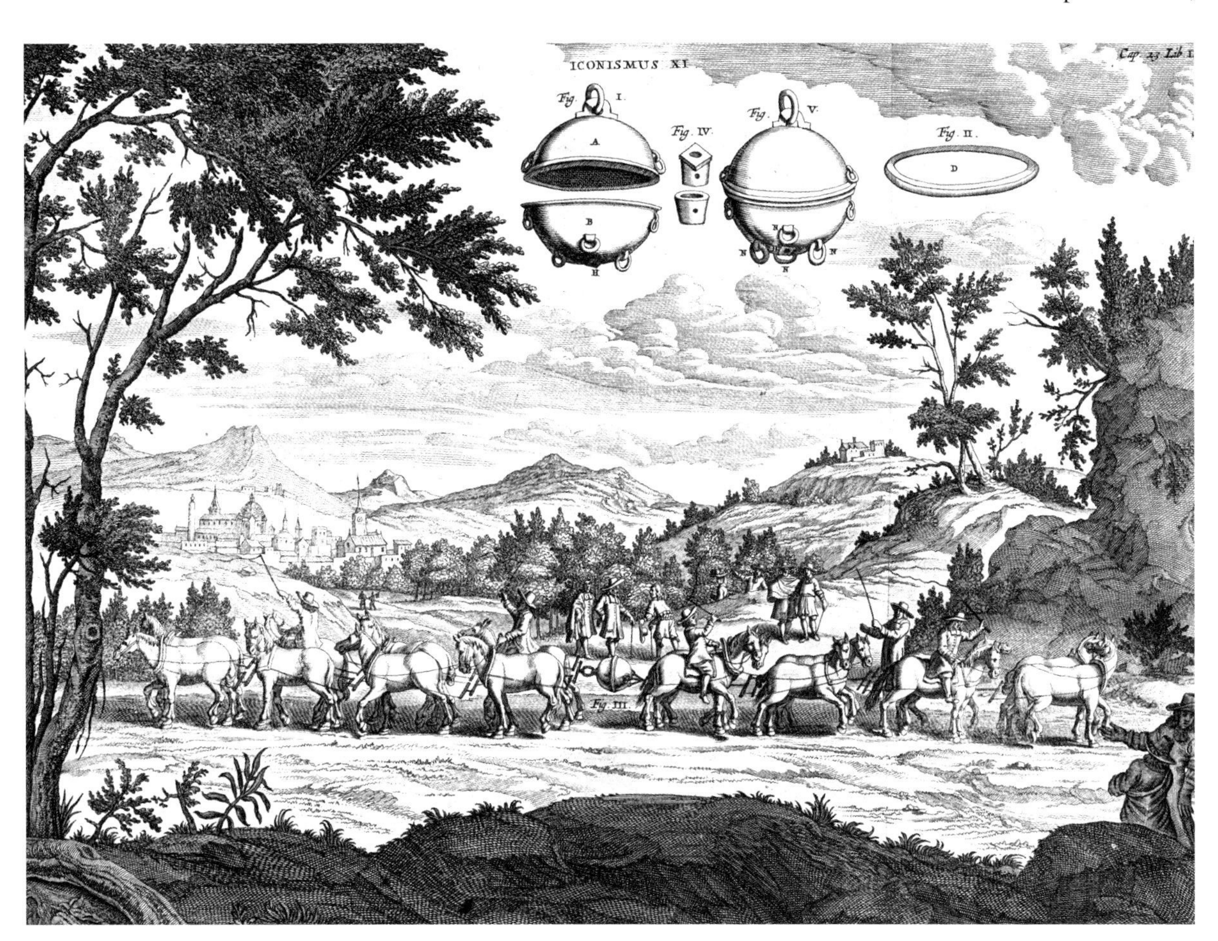


Magdeburger Halbkugeln: OTTO VON GUERICKE: *Experimenta nova Magdeburgica,* zu S. 104 (Iconismus XI).

die für die wissenschaftlichen Illustrationen in Dissertationen zuständig waren, sie sind aber erst ab dem 18. Jahrhundert in lückenloser Folge namentlich fassbar. Nur in der Offizin Zinck ist bisher im 17. Jahrhundert ein Kupferstecher namentlich bekannt, der oben bereits erwähnte ANDREAS SPÄTH.

### Gemeinsame Merkmale: Fragen des Buchhandels

Kupferplatten und Druckstöcke für die Holzstiche gingen in der Regel in den Besitz des Verlegers über, soweit sie nicht ohnehin von diesem beschafft wurden[36]. Dies war wohl auch bei den SCHOTTschen Werken so. Da die Offizin Hertz aber auch weitere Auflagen ausführte, können wir wohl davon ausgehen, dass die Platten und Druckstöcke vor Ort in Würzburg aufbewahrt und nicht jedes Mal von Frankfurt oder Nürnberg nach Würzburg transportiert wurden. Die in Bamberg verlegten Werke SCHOTTS zeigen gegenüber den Würzburger Drucken vor allem ein klareres Schriftbild und andere Schmuckleisten, was auf neueres Typenmaterial hindeutet, ein Drucker ist hier allerdings nicht angegeben.

Verbreitet wurden Bücher in der damaligen Zeit über den Tauschhandel, das heißt die neuen Veröffentlichungen wurden Bogen gegen Bogen von den Verlegern untereinander getauscht, die gleichzeitig ein Sortiment, also ein Ladengeschäft, betrieben (beziehungsweise umgekehrt von Buchhändlern, die als Verleger auftraten, um über Tauschware zu verfügen). Alle diese Bücher waren ungebunden – denn nur Buchbinder durften mit gebundenen Büchern handeln, was auch in Würzburg eifersüchtig verteidigtes Vorrecht dieses Berufsstandes war.

Über die Auflagenzahlen der SCHOTTschen Werke lässt sich auf Grund der Quellenlage nur wenig Genaues sagen. Geht man von der in der einschlägigen Forschungsliteratur gehandhabten Formel[37] aus und betrachtet den heutigen Bestand an Werken SCHOTTS, so kommt man für die Erstauflage auf cirka 750 Exemplare, für weitere Auflagen auf cirka 300 Exemplare, was durchaus sinnvolle Größen gewesen sein durften. Wissen wir doch von anderen Würzburger Büchern, deren Auflage bis zu 1000 Exemplare umfasste. Die Nachauflagen deuten darauf hin, dass die Werke auch Jahre nach dem Erscheinen noch nachgefragt wurden.

Natürlich wollte auch der Autor für eine Verbreitung seiner Werke sorgen und verteilte sie an die Kollegen in der Welt der Gelehrten. Dazu dürften ihm auch genügend Exemplare zur Verfügung gestanden haben – entweder er bezahlte den Druck ohnehin, oder er wurde vom Verleger quasi in „Naturalien" mit einem gewissen Anteil an der Druckauflage entlohnt. Davon ist zum Beispiel in einem Verlagsvertrag OTTO VON GUERICKES mit seinem Amsterdamer Verleger JANSSONIUS die Rede[38]. Für die Preise, die ein Kunde für eines der Werke zu bezahlen hatte, gibt es heute keine Anhaltspunkte.

### Fazit

Führt man die verschiedensten Aspekte rund um die Drucke SCHOTTS zusammen, so lassen sich folgende Grundlinien erkennen: mit HERTZ kommt ein Drucker ausgerechnet aus der dem Mainzer Kurfürsten unterstehenden Stadt Erfurt nach Würzburg; dieser Drucker fungiert nicht gleichzeitig als Verleger, was für Würzburg ungewöhnlich ist; gezielt werden renommierte und äußerst erfolgreiche auswärtige Verlage für die Werke SCHOTTS ausgewählt, die für eine weite Verbreitung sorgen konnten; die Werke werden aufwändig ausgestattet; die Arbeiten wurden einigen der bedeutendsten Persönlichkeiten im damaligen Heiligen Römischen Reich gewidmet. Was konnte SCHOTT von ihnen erwarten? Was aber auch sein Landesherr, JOHANN PHILIPP VON SCHÖNBORN, in seinen politischen und kulturellen Bestrebungen? Nun ist der Kurfürst auch bekannt für seine eigenen religiösen Dichtungen, die er zur religiösen Unterweisung breiterer Volksschichten schuf. Es wurden ihm auch zahlreiche Personalschriften gewidmet (gedruckt übrigens nicht von HERTZ, sondern von ZINCK)[39]. Es verdichtet sich der Eindruck, dass auch mit den Schott-Drucken etwas demonstriert werden sollte, sie also ein Objekt im politischen Spiel des Landesherrn JOHANN PHILIPP VON SCHÖNBORN waren. Vielleicht bringt eine Analyse der Vorreden aus SCHOTTS Werken einen genaueren Einblick in die mit dieser Art der Publikation verbundenen Absichten, der sicher über die reine Wissensvermittlung hinausgeht.

## Anmerkungen

Die verschiedenen Ausgaben der Werke des KASPAR SCHOTT, zum Teil mit Abbildungen so genannten Schlüsselseiten, im Verzeichnis der im deutschen Sprachraum erschienen Drucke des 17. Jahrhunderts (VD 17): www.vd17.de
Bibliographische Angaben zum Werk KASPAR SCHOTTS weiter bei Gerhard Dünnhaupt: Personalbibliographien zu den Drucken des Barock Band 5. 2. Auflage Stuttgart 1991.

[1] Neuere Literatur zur naturwissenschaftlichen Illustration: Instrumente in Kunst und Wissenschaft. Zur Architektonik kultureller Grenzen im 17. Jahrhundert. Hg. Von H. Schramm u. a. Berlin u. a. 2006 (Theatrum Scientiarum; 2). – Gerhard Wiesenfeldt: Säkularisierung der Naturerkenntnis. Zur bildlichen Darstellung von Experimenten in Lehrbüchern des 18. Jahrhunderts. In: Wahrnehmung der Natur, Natur der Wahrnehmung. Studien zur Geschichte visueller Kultur um 1800. Dresden 2001, S. 103–116. – Mehrere Beiträge in: Erkenntnis. Erfindung. Konstruktion. Studien zur Bildgeschichte von Naturwissenschaften und Technik vom 16. bis zum 19. Jahrhundert. Hg. Hans Holländer. Berlin 2000. – John L. Heilbron: Domesticating Science in the Eighteenth Century. In: Science and the Visual Image in the Enlightenment. Hg. Von William R. Shea. Canton, Ma. 2000 (European Studies in Science History and the Arts; 4), S. 1–24. – Willem D. Hackmann: Natural philsophy textbook illustrations 1600–1800. In: Nonverbal communication in science prior to 1900. Hg. Renato G. Mazzolini. Firenze 1993, S. 169–196. – Brian J. Ford: Images of science. A history of scientific illustration. London 1992.

[2] Olaf Hein: Die Drucker und Verleger der Werke des Polyhistors Athanasius Kircher S.J. 1. Band (mehr nicht erschienen) Köln u. a. 1993 (Studia Kircheriana; 2), S. 110.

[3] Zur Geschichte des Würzburger Buchwesens, soweit nicht unten angegeben: Eva Pleticha-Geuder: „Getruckt in der statt Würtzburg". 525 Jahre Buchdruck in Würzburg. In: Abklatsch, Falz und Zwiebelfisch. 525 Jahre Buchdruck und Bucheinband in Würzburg. Begleitbuch zur Ausstellung der Universitätsbibliothek Würzburg ... 2004. Würzburg 2004, S. 26ff. Dort auch zahlreiche Quellenangaben zu Lebensdaten und weitere Literaturangaben.

[4] Halbig, S. 74 f., SPÄTH war immatrikuliert, also wohl Universitätskupferstecher, vgl. Alfons Schott, Julius Echter und das Buch, Diss. Würzburg (1953), S. 12.

[5] Katholisches Matrikelamt der Diözese Würzburg, Band A 3, Taufe am 11.7.1660.

[6] „Relation An Die Römische Käyserliche Mayestätt/ Von Deroselben Commissarien über die beschehene Achts-Erklärung der Statt Erfurt abgangen..." (Verzeichnis der Drucke des 17. Jhs. / www.vd17.de: VD17 23:303563R. Bei diesem Druck bezeichnet sich GAßNER auf dem Titelblatt als Hof- und Universitätsbuchdrucker, laut Angabe im Kolophon druckte aber HERTZ.

[7] Für Auskünfte danke ich Herrn Dr. MICHAEL LUDSCHEIDT von der Bibliothek des Evangelischen Ministeriums Erfurt und Herrn Dr. MICHAEL MATSCHA vom Bistumsarchiv Erfurt, sowie Dr. RAFFAELE SANTORO vom Staatsarchiv Venedig. Leider ist es bisher nicht gelungen, anhand von Kirchenbüchern etc. die zu vermutenden familiären Beziehungen nachzuweisen. Die neueste Veröffentlichung zur Geschichte der Buchdrucker liefert hier ebenfalls keine Erkenntnisse: Christoph Reske: Die Buchdrucker des 16. und 17. Jahrhunderts im deutschen Sprachgebiet. Wiesbaden 2007 (Beiträge zum Buch- und Bibliothekswesen; 51).

[8] Staatsarchiv Würzburg Rösnerbuch 1606 fol. 132r und fol. 241v, Rösnerbuch 1608 fol. 222r, Viertelbuch 5 fol. 154r.

[9] Biographisch-bibliographisches Kirchenlexikon (Bautz): www.kirchenlexikon.de

[10] Rainer Egon Blacha: Johann Friedrich Karg von Bebenburg. Ein Diplomat des Kurfürsten Joseph Clemens von Köln und Max Emmanuel von Bayern 1688–1694. Diss Bonn 1983.

[11] Vgl. Kathrin Paasch: Die Bibliothek des Johann Christian von Boineburg (1622–1672). Ein Beitrag zur Bibliotheksgeschichte des Polyhistorismus. Diss. Berlin 2003 (http://edoc.hu-berlin.de/dissertationen/paasch-kathrin-2003-07-14/HTML/front.html#front) hier S. 96ff.

[12] Isabel Heitjan: Die Buchhändler, Verleger und Drucker Bencard. 1636 – 1762. In: Archiv für Geschichte des Buchwesens 3 (1960) Sp. 613 – 979.

[13] Hildegard Starp: Das Frankfurter Verlagshaus Schönwetter. In: Archiv für Geschichte des Buchwesens 1 (1958), S. 38–113.

[14] Friedrich Oldenbourg: Die Endter. Eine Nürnberger Buchhändlerfamilie (1590–1740). Monographische Studie. München u. a. 1911.

[15] Links sind zu finden unter www.franconica-online.de

[16] Zu GÖLTGENS: Werner Taegert: Eröffnung, Jubiläen und Geschichtsbild der Bamberger Hochschule. Aspekte akademischer Selbstdarstellung. In: Haus der Weisheit. Von der Academia Ottoniana zur Otto-Friedrich-Universität Bamberg. Bamberg 1998, S. 87–97. – Georg Hansen: Briefe des Jesuitenpaters Nithard Biber an den Churfürsten Anselm Casimir von Mainz, geschrieben auf seiner Romreise 1645/46 In: Archivalische Zeitschrift, N. S., IX (1900), S. 132–75. Biographische Daten nach Gerl, H.: Catalogus generalis Prov. Rhen. Sup. S.J. 1626–1773, in: Archiv der Deutschen Provinz der Jesuiten, Abt. 73

Ae 7 Ei S. 11 und 26. Für Auskünfte danke ich Dr. Clemens Brodkorb vom Archiv der Deutschen Provinz der Jesuiten, München. – Michael John Gorman: The Angel and the Compass: Athanasius Kircher's Geographical Project. In: Baroque Imaginary: The World of Athanasius Kircher, S. J. (1602–80), ed. Paula Findlen, Routledge, 2002.

[17] So Marcus Hellyer: Catholic Physics. Jesuit Natural Philosophy in Early Modern Germany. Notre Dame (Indiana) 2005, S. 44ff.

[18] Dieter J. Weiß: Philipp Valentin Albert Voit von Rieneck: (1612 – 1672). In: Fränkische Lebensbilder 18 (2000), S. 83–99 (Veröffentlichungen der Gesellschaft für Fränkische Geschichte. Reihe 7. A).

[19] Steffen Stuth: Christian I. Louis von Mecklenburg-Schwerin: zur Biographie. In: Stuth, Steffen: Höfe und Residenzen: Untersuchungen zu den Höfen der Herzöge von Mecklenburg im 16. und 17. Jahrhundert. – Bremen [u.a.] 2001, S. 207–212.

[20] Dazu András Forgó: Spinola, Leibniz und der Mainzer Kurfürst. Katholisch-protestantische Einheitsversuche. In: Die Mainzer Kurfürsten des Hauses Schönborn als Reichserzkanzler und Landesherren. Hg. Peter Claus Hartmann. Frankfurt/M. 2002. (Mainzer Studien zur Neueren Geschichte; 10), S. 205–216.

[21] John Fetcher: Drei unbekannte Briefe Athanasius Kirchers an Fürstabt Joachim von Gravenegg. In: Fuldaer Geschichtsblätter, Bd. 58 (1982), S. 92–104.

[22] Detlef Döring: Der Briefwechsel zwischen Gottfried Kirch und Adam A. Kochanski, 1680–1694. Ein Beitrag zur Astronomiegeschichte in Leipzig und zu den deutsch-polnischen Wissenschaftsbeziehungen. Berlin 1997 (Abhandlungen der Sächsischen Akademie der Wissenschaften zu Leipzig, Philologisch-Historische Klasse; Bd. 74, H. 5). – Kochanski war mit einem Beitrag am *Cursus mathematicus* beteiligt. – Zu KARL LUDWIG von der Pfalz: Wolfgang v. Moers-Messmer: Heidelberg und seine Kurfürsten. Ubstadt-Weiher 2001, S. 274–328.

[23] Bernhard Demel: Karl Joseph von Österreich (Koadjutor, 5. V.1662-27.I.1664). In: Die Hochmeister des Deutschen Ordens 1190–1994. Hg. Udo Arnold. Marburg 1998 (Quellen und Studien zur Geschichte des Deutschen Ordens; 40), S.223–226. Hier begegnet im übrigen noch einmal der Name Gravenegg: Philipp von Gravenegg, Verwandter (?) des Fürstabts, war Komtur der Deutschordensballei Franken und Mitglied des Ordensdirektoriums, das für den minderjährigen kränkelnden Erzherzog Karl Joseph die Geschäfte führte.

[24] Martin Stingl: Markgraf Ferdinand Maximilian. – In: Ein badisches Intermezzo?. – Karlsruhe, 2005. – S. 10–11.

[25] Zu STENGLIN: Spener, Philipp Jakob: Die Heilsamste Artzeney In Christi Wunden: Bey Volckreicher Leich-Begängnüß Des ... Hn. Zachariä Stenglins/ Vornehmen Beyder Rechten Doctoris/ Hoch-Fürstlichen Würtenbergischen Raths/ und dieser des Heil. Röm. Reichs Statt Franckfurt ... Eltesten Syndici ... Welcher Allhier ... den 18. Jan. dieses 1674. Jahrs ... entschlaffen. Franckfurt/Main 1674. – Zum Erzherzog: Bautz, Kirchenlexikon (www.kirchenlexikon.de).

[26] Winfried Irgang: Johann Kaspar von Ampringen (20.III. 1664– 9.IX.1684). In: Die Hochmeister des Deutschen Ordens 1190–1994. Marburg 1998 (Quellen und Studien zur Geschichte des Deutschen Ordens; 40), S. 227–232.

[27] Thieme-Becker; Allgemeines Künstlerlexikon – Internationale Künstlerdatenbank (AKL).

[28] Ambling: nachweisbar war bisher nur der 1650 in Nürnberg geborene Carl Gustav Am(b)ling, Sohn eines Offiziers, der 1703 in München als Hofkupferstecher starb (AKL).

[29] Thieme-Becker

[30] AKL

[31] Thieme-Becker

[32] Thieme-Becker; AKL.

[33] Mehrere Aufsätze in: Augsburger Buchdruck und Verlagswesen. Von den Anfängen bis zur Gegenwart. Hg. von Helmut Gier u. a. Wiesbaden 1997. – Hans-Jörg Künast: Dokumentation: Augsburger Buchdrucker und Verleger, S.1205–1340. – Helmut Gier: Buch und Verlagswesen in Augsburg vom Dreißigjährigen Krieg bis zum Ende der Reichsstadt, S. 479–516. – Sibylle Appuhn-Radtke: Augsburger Buchillustration im 17. Jahrhundert, S. 735–790. – Wolfgang Augustyn: Augsburger Buchillustration im 18. Jahrhundert, S. 791–861.

[34] SCHURTZ: Thieme-Becker; DITTMANN: AKL.

[35] Quellen und Dokumente zur Geschichte von Otto von Guerickes Leben und Forschen. In: Otto von Guerickes neue (sogenannte) Magdeburger Versuche über den leeren Raum, nebst Briefen, Urkunden und anderen Zeugnissen seiner Lebens- und Schaffensgeschichte. Übersetzt und hg. von Hans Schimank, Düsseldorf 1968, S. 24.

[36] Belegt ist dies zum Beispiel für die Kupferplatten, die der Verleger WEIGEL aus den Niederlanden beschaffte und die dann von der Offizin Hertz in die Abraham a Sancta Clara-Drucke eingefügt wurden. Literatur dazu: Michael Bauer: Christoph Weigel (1654–1725), Kupferstecher und Kunsthändler in Augsburg und Nürnberg. In: Archiv für Geschichte des Buchwesens, Band 23, 1983, Sp. 693–1186.

[37] Z.B. bei Olaf Hein: Die Drucker und Verleger der Werke des Polyhistors Athanasius Kircher SJ. Band 1, Köln 1993, S. 226.

[38] Schimank, Hans: Quellen und Dokumente zur Geschichte von Otto von Guerickes Leben und Forschen. In: Otto von Guericke: Neue (sogenannte) Magdeburger Versuche über den leeren Raum nebst

Briefen, Urkunden und anderen Zeugnissen seiner Lebens- und Schaffensgeschichte. Hans Schimank (übers. und hg.). Düsseldorf 1968, S. 98.

[39] Unter anderem zahlreiche Arbeiten von Gordon W. Marigold.

(o)

# CATALOGUS LIBRORUM

## P. GASPARO SCHOTTO SOCIETATIS JESU, hactenus editorum.

I. MEchanica Hydraulico-pneumatica, cum experimento novo Magdeburgico. in 4. Herbipoli 1657.

II. Magiæ Universalis Naturæ & Artis Pars I. Optica, sive Thaumaturgus Opticus. in 4. Herbipoli 1657.

III. Magiæ ejusdem Pars II. Acustica, sive Thaumaturgus Acusticus. in 4. Herbipoli 1657.

IV. Magiæ ejusdem Pars III. Mathematica, sive Thaumaturgus Mathematicus. in 4. Herbipoli 1658.

V. Magiæ ejusdem Pars IV. Physica, sive Thaumaturgus Physicus, in 4. Herbipoli 1659.

VI. Pantometrum Kircherianum, sive Instrumentum Geometricum novum. in 4. Herbipoli 1660.

VII. Itinerarium Ecstaticum Kircherianum, Prælusionibus, Scholiis, & Iconismis illustratum. in 4. Herbipoli 1660.

VIII. Cursus Mathematicus, sive Absoluta omnium Mathematicarum Disciplinarum Encyclopædia, in libros XXIIX. digesta. in fol. Herbipoli. 1661.

IX. Physica Curiosa, sive Mirabilia Naturæ, libris duodecim comprehensa. in 4. Herbipoli. 1662.

X. Mathesis Cæsarea, sive Amussis Ferdinandea, Problematibus, Scholiis, & Iconismis aucta. in 4. Herbipoli 1662.

XI. Anatomia Physico-Hydrostatica Fontium ac Fluminum. in 8. Herbipoli 1663.

XII. Arithmetica practica Generalis ac specialis. in 8. Herbipoli 1663.

XIII. Technica Curiosa, sive Mirabilia Artis, Libris duodecim comprehensa. in 4. Herbipoli 1664.

XIV. Schola Steganographica, in octo classes divisa. in 4. Norimberg. 1665.

No-

Katalog von SCHOTTS Werken, aus: *Schola steganographica*, 1665

# Verzeichnis der Werke

### Mechanica hydraulico-pneumatica

P. Gasparis Schotti Regiscuriani, E Societate Jesu, Olim in Panormitana Siciliae, nunc in Herbipolitana Franconiae eiusdem Societatis Academia Matheseos Professoris, Mechanica Hydraulico-Pneumatica: Qua Praeterquam quod Aquei Elementi natura, proprietas, vis motrix, atque occultus cum aere conflictus, a primis fundamentis demonstratur; omnis quoque generis Experimenta Hydraulico-pneumatica recluduntur; & absoluta Machinarum aqua & aere animandarum ratio ac methodus praescribitur; Opus Bipartitum ... Accessit Experimentum novum Magdeburgicum, quo vacuum alii stabilire, alii evertere conantur. Francofurti: Schönwetterus; Herbipoli: Pigrin, 1657 [erschienen] 1658 [16] Bl., 488 S., [8], [38] Bl., [8] gef. Bl.: Kupfert., zahlr. Ill. (Holzschn.), 45 Ill. (Kupferst.), Noten.; 4°
VD17 39:119196M

### Magia universalis naturae et artis

P. Gasparis Schotti Regiscuriani E Societate Jesu ... Magia Universalis Naturae Et Artis, Sive Recondita naturalium & artificialium rerum scientia ...: Opus Quadripartitum ... Francofurti: Schönwetterus; Herbipoli: Pigrin; Herbipoli: Hertz, 1657–1659
VD17 23:000451A
Pars 1: Optica: [Francofurti]: Schönwetterus; Herbipoli: Pigrin, 1657 [erschienen]1658. – [22] Bl., 538 S., [7], [25] Bl.: Kupfert., 25 Ill. (Kupferst.).; 4°
VD17 23:000453R
Pars 2: Acustica: In VII. Libros Digesta, Quibus ea quae ad Auditum, & Auditus objectum spectant ... [Francofurti]: Schönwetterus; Herbipoli: Hertz, 1657 [erschienen] 1658. – [16] Bl., 432 S., [8], [30] teilw. gef. Bl.: Kupfert., 30 Ill. (Kupferst.), Noten.; 4°
VD17 23:000454Y
Pars 3: Thaumaturgus Mathematicus: In IX. Libros Digesta, Quibus pleraq[ue] quae in Centrobaryca, Mechanica, Statica ... sunt ... [Francofurti]: Schönwetterus; Herbipoli: Hertz, 1658. – [12] Bl., 815 S., [8], [21] Bl.: Kupfert., 21 Ill. (Kupferst.).; 4°
VD17 23:000455F
Pars 4 Et Ultima: Thaumaturgus Physicus: In VIII. Libros Digesta, Quibus pleraq[ue] quae in Cryptographicis ... ac Chiromanticis, est ... [Francofurti]: Schönwetterus; Herbipoli, 1659. – [17] Bl., 670 S., [9], [12] teilw. gef. Bl.: Kupfert., 12/13 Ill. (Kupferst.).; 4°
VD17 23:000457W

### Pantometrum Kircherianum

Pantometrum Kircherianum, Hoc Est, Instrumentum Geometricum novum: a Celeberrimo Viro P. Athanasio Kirchero ante hac inventum, nunc decem Libris, universam paene Practicam Geometriam complectentibus explicatum, perspicuisque demonstrationibus illustratum / a R. P. Gaspare Schotto Regiscuriano e Societate Jesu ... Cum Figuris aeri incisis ... Francofurti: Schönwetterus; Herbipoli: Hertz, 1660. – [13] Bl., 408 S., [10], [31] Bl., [1] gef. Bl.: Kupfert., 32 Ill. und graph. Darst. (Kupferst.).; 4°
VD17 12:178981A

### Iter extaticum coeleste

Athanasii Kircheri E Societate Jesu Iter Extaticum Coeleste: Quo Mundi opificium, id est, Coelestis Expansi, siderumq[ue] tam errantium, quam fixorum natura, vires, proprietates, singulorumq[ue] compositio & structura, ab infimo Telluris globo, usq[ue] ad ultima Mundi confinia, per ficti raptus integumentum explorata, nova hypothesi exponitur ad veritatem, Interlocutoribus Cosmiele et Theodidacto Accessit eiusdem Auctoris Iter Exstaticum Terrestre, & Synopsis Mundi Subterranei. – Hac secunda editione Praelusionibus & Scholiis illustratum ... nec non a mendis ... expurgatum, Ipso Auctore Annuente A P. Gaspare Schotto Regiscuriano E Societate Jesu ... – Herbipoli; Norimbergae: Endteri, 1660. – [12] Bl., 689 S., [9], XII Bl.: Kupfert., 12 Ill. und graph. Darst. (Kupferst.), Ill. (Kupferst.).; 4°
VD17 23:292575L

### Cursus mathematicus

P. Gasparis Schotti Regiscuriani E Societate Jesu Olim in Panormitano Siciliae, nunc in Herbipolitano Franconiae eiusdem Societatis Jesu Gymnasio Matheseos Professoris Cursus Mathematicus, Sive Absoluta omnium Mathematicarum Disciplinarum Encyclopaedia: In Libros XXVIII. digesta, eoque ordine disposita, ut quivis, vel mediocri praeditus ingenio, totam Mathesin a primis fundamentis proprio Marte addiscere possit. Opus desideratum diu, promissum a multis, a non paucis tentatum, a nullo numeris omnibus absolutum. Accesserunt in fine Theoreses Mechanicae Novae. – Herbipoli; Francofurti: Schönwetterus; Herbipoli: Hertz, 1661. – [13] Bl., 660 S., [28] Bl., [2] gef. Bl., [40] Bl.: Kupfert., 41 Ill. und graph. Darst. (Kupferst.), graph. Darst. und Notenbeisp. (Holzschn.).; 2°
VD17 12:196809B

### Physica curiosa

P. Gasparis Schotti Regis Curiani E Societate Jesu, Olim in Panormitano Siciliae, nunc in Herbipolitano Franconiae Gymnasio eiusdem Societatis Jesu Matheseos Professoris, Physica Curiosa, Sive Mirabilia Naturae Et Artis Libris XII. Comprehensa: Quibus pleraq[ue], quae de Angelis, Daemonibus, Hominibus, ... ad Veritatis trutinam expenduntur, ... Cum figuris aeri incisis, & Privilegio. – Norimbergae: Endterus; Herbipoli: Hertz, 1662. – [28] Bl., 770 S., [1] Bl., S. 771–1583, [12] Bl., LVII Bl., teilw. gef..: Kupfert., Tbl. r&s, 57 Ill. (Kupferst.), Notenbeisp.; 4°
VD17 3:010260L

### Mathesis Caesarea

Mathesis Caesarea, Sive Amussis Ferdinandea: In lucem publicam, & usum eruditae posteritatis, gratulantibus Litteratorum Geniis evecta, Atque ad Problemata Universae Matheseos, Praesertim vero Architecturae Militaris explicata ... [Albert von Curtz]. – Nunc secunda hac editione Scholiis, Problematibus, & novis Iconismis exornata / A P. Gaspare Schotto Regiscuriano e Societate Jesu ... – Herbipoli; Francofurti: Schönwetterus; Herbipoli: Hertz, 1662. – [23] Bl., 464 S., [12], [13] Bl., [3] gef. Bl.: Kupfert., 15 Ill. und graph. Darst. (Kupferst.), Ill. (Kupferst.).; 4°
VD17 23:000322H

### Anatomia physico-hydrostatica fontium ac fluminum

P. Gasparis Schotti Regiscuriani e Societate Jesu Anatomia Physico-Hydrostatica Fontium Ac Fluminum: Libris VI. explicata, Et Figuris Aeri Incisis exornata; Quibus, praemissa fontium ac fluminum historia ... ex Sacrae Scripturae, Philosophiae naturalis, & Hydrostaticae principiis detegitur ... Accedit in fine Appendix de vera origine Nili. – Francofurti: Schönwetterus; Herbipoli: Hertz, 1663. – [11] Bl., 433 S., [7], XIII Bl., [1] gef. Bl.: Kupfert., 13 Ill. (Kupferst.), 1 Kt. (Kupferst.).; 8°
VD17 23:271045C

### Technica curiosa

P. Gasparis Schotti Regiscuriani E Societate Jesu, Olim in Panormitano Siciliae, nunc in Herbipolitano Franconiae Gymnasio eiusdem Societatis Jesu Matheseos Professoris, Technica Curiosa, Sive Mirabilia Artis: Libris XII. Comprehensa; Quibus varia Experimenta, variaque Technasmata Pneumatica, Hydraulica, Hydrotechnica, Mechanica, Graphica, Cyclometrica, Chronometrica, Automatica, Cabalistica, aliaque Artis arcana ac miracula, rara, curiosa, ingeniosa, magnamque partem nova & antehac inaudita, eruditi Orbis utilitati, delectationi, disceptationique proponuntur ... – Norimbergae: Endterus; Herbipolae: Hertz, 1664. – [21] Bl., 1044 S., [8], [42] Bl., [17] gef. Bl.: Kupfert., Tbl. r&s, 1 Portr. (Kupferst.), 59 Ill. (Kupferst.), Ill. (Kupferst., Holzschn.), graph. Darstellung (Holzschn.).; 4°
VD17 23:232569Q

### Schola steganographica

P. Gasparis Schotti E Societate Jesu, Schola Steganographica, In Classes Octo Distributa: Quibus, praeter alia multa, ac iucundissima, explicantur Artificia Nova, Queis quilibet, scribendo

Epistolam qualibet de re, & quocunque idiomate, potest alteri absenti, eorundem Artificiorum conscio, arcanum animi sui conceptum, sine ulla secreti latentis suspicione manifestare; & scriptam ab aliis eadem arte, quacunque lingua, intelligere, & interpretari ... Cum figuris aeri incisis ... – Norimbergae: Endterus; Endterus; Herbipolae; Norimbergae: Hertz, 1665. – [18] Bl., 346 S., [5] Bl., [10] gef. Bl.: Kupfert., Tbl. r&s, 4 graph. Darst. (Kupferst.), Ill. (Kupferst.), Noten.; 4°
VD17 3:006423R

### Ioco-seria naturae et artis

Ioco-Seriorum Naturae Et Artis, Sive Magiae Naturalis Centuriae Tres: In quibus Curiosa nunquam edita tractantur, Liber omnibus perquam gratus Auctore Aspasio Caramuelio. – Cui accessit Diatribe de Crucibus / [Athanasius Kircher]. – [S.l.], [ca. 1666]. – [3] Bl., 363 S., [4], [21] Bl., [1] gef. Bl.: Kupfert., 22 Ill. (Kupferst.).; 4°
VD17 1:091201K

Ioco-Seriorum Naturae Et Artis, Sive Magiae Naturalis Centuriae tres: Das ist: Drey-Hundert Nütz- und lustige Sätze Allerhand merckwürdiger Stücke von Schimpff und Ernst: Genommen auß der Kunst und Natur/ oder natürlichen Magia; Benebens einem Zusatz oder Anhang von Wunderdeutenden Creutzen/ Auß R.P. Athanasii Kircheri ... Diatribe. – Franckfurt am Mayn: Cholinus, 1672. – [6] Bl., 330 [i.e. 328] S., [4], XXII Bl.: 22 Ill. (Kupferst.), Kupfert.; 4°
VD17 23:234134U

### Organum mathematicum

Organum Mathematicum: Libris IX. Explicatum a P. Gaspare Schotto E Societate Jesu, Quo per paucas ac facillime parabiles Tabellas, intra cistulam ad modum Organi pneumatici constructam reconditas, pleraeque Mathematicae Disciplinae, modo novo ac facili traduntur ... Opus posthumum. – Herbipoli; Norimbergae: Endter; Herbipoli: Hertz, 1668. – [18] Bl., 858 S., [5] Bl., [43] Bl., [50] gef. Bl.: Kupfert. (Portr.), Tbl. r&s, 1 Portr. (Kupferst.), 46 Ill. (Kupferst.), 2 Noten (Kupferst.), Ill. (Kupferst.), graph. Darst. und Notenbeisp. (Holzschn.).; 4°
VD17 12:196964H

### Arithmetica practica generalis et specialis

Gasparis Schotti e Societate Jesu, In Alma Universitate Herbipolensi Matheseos Professoris Arithmetica Practica Generalis Ac Specialis: E cursu Mathematico eiusdem Auctoris extracta, atq[ue] correcta. – Et hac Secunda Editione in usum Iuventutis Mathematum Studiosae proposita. – Francofurti: Schönwetterus; Herbipoli: Hertz, 1663. – [6] Bl., 211 S., [2] Bl.; 8°
VD17 23:271376W
Die 1. Auflage ist bibliographisch nicht nachweisbar.

### Magia optica

Magia Optica, Das ist Geheime doch naturmässige Gesicht- und Augen-Lehr: In zehen unterschidliche Bücher abgetheilet; Worinnen was das Gesicht und dessen Gegenstand oder wormit dasselbige umgehet anbelangt ... und dergleichen Wissenschafften Künsten Ubungen und Geheimnussen ... gehandelt wird ... – Hiebevor durch ... Herrn Caspar Schotten ... in lateinischer Sprache beschriben Anjetzo aber ins Hochdeutsche übersetzt und vermehret Von M. F. H. M. ... – Bamberg: Cholin, 1671. – [14] Bl., 512 S., [22], XXV Bl.: 25 Ill. (Kupferst.), Kupfert.; 4°
VD17 23:234133M

### Magia pyrotechnica

Gasparis Schotti Soc. Jesu Præsbyteri Magia Pyrotechnica: Honoribus Perillustris Domini Joannis, Ludovici De Tiell ... dum in antiquissima ac celeberrima Universitate Viennensi promotore R.P. Antonio Weilhamer...philosophiae Laurea insigniretur a Neo Doctoribus Collegis dictata anno Salutis M.DCC.XXXXIX. mense Junio, die 25. – [Wien]: Typis Mariæ Theresiæ Voigtin, Viduæ, Univ. Typogr., 1739. – [2] Bl., 176 S., [3] Bl.; 8°
(Exemplar der Staats- und Universitätsbibliothek Göttingen)

**Magia physiognomica**

Gasparis Schotti ... Magia physiognomica sive dissertatio de notis latentis animi, & futurorum successuum humano corpori a natura impressis ... promotore Ignatio Schreiner ... a Philosophis Condiscipulis oblata ... – Graecii, Haeredum Widmanstadii (1742). – 122 S., (3 Bl.)
(Exemplar der Österreichischen Nationalbibliothek Wien)

*Nota Lector.*

ITinerarium Ecſtaticum Kircherianum, Phyſica Curioſa, & Technica Curioſa, venduntur Francofurti & Norimbergæ, apud JOANNEM ANDREAM ENDTERUM, & WOLFGANGI Junioris Hæredes. Reliqui omnes proſtant Francofurti, apud Joannem Arnoldum Cholinum, & apud Hæredes Joannis Godefridi Schönwetteri.

*FINIS.*

SOLI DEO GLORIA.

Katalog von SCHOTTS WERKEN, aus: *Schola steganographica*, 1665

# Lebensdaten

1608 Am 5. Februar wird Schott in Königshofen im Grabfeld geboren.
1618 Beginn des Dreißigjährigen Krieges.
1627 Im Alter von 19 Jahren tritt Schott als Novize in die Gesellschaft Jesu in Trier ein.
1629 Schott tritt in das Jesuitenkolleg in Würzburg ein.
1630 Schott studiert an der Universität Mathematik. Sein Lehrer in Mathematik ist Athanasius Kircher (1602–1680).
1631 Die Würzburger Jesuiten fliehen vor den anrückenden schwedischen Truppen, die Würzburg einnehmen. Kircher wird 1632 Professor am Jesuitenkolleg in Avignon.
1633 Schott wird als Flüchtling aus der Oberrheinischen Provinz der Jesuiten im Jesuitenkolleg in Tournai aufgenommen und zum Theologiestudium zugelassen. Kircher wird an das Collegium Romanum berufen, wo er überwiegend schriftstellerisch tätig ist.
1634 Schott wechselt nach Sizilien, um sein Studium der Theologie am Jesuitenkolleg in Caltagirone fortzusetzen.
Abzug der schwedischen Truppen aus Würzburg.
1636 Schott setzt seine Studien am Jesuitenkolleg in Palermo fort und beendet sie nach zwei Jahren.
1637 Empfang der Priesterweihe im Palermo.
1638 In Trapani in Westsizilien legt er sein drittes Probejahr ab und arbeitet zwei Jahre als Priester.
1641 Schott legt sein Gelübde in Mineo in Sizilien ab und wird damit endgültig in die Gesellschaft Jesu aufgenommen. Er unterrichtet dort zwei Jahre lang am Jesuitenkolleg.
1642 Johann Philipp von Schönborn wird Bischof in Würzburg.
1644 Schott wirkt drei Jahre lang am Jesuitenkolleg von Scicli in Sizilien als Lehrer und übernimmt andere kirchliche Verpflichtungen.
1648 Beendigung des Dreißigjährigen Krieges mit dem Westfälischen Frieden.
1649 Am Jesuitenkolleg von Palermo: Schott wirkt zwei Jahre lang als Professor der Mathematik.
1652 Schott folgt einer Einladung ans Collegium Romanum, um dort drei Jahre lang als Assistent mit Athanasius Kircher zusammen zu arbeiten. In Kirchers *Oedipus Aegyptiacus* (1652) erscheint als erster veröffentlichter Text von Schott ein Lobpreis auf den Verfasser. Schott besorgt die Herausgabe von Kirchers *Magnes* (1654), experimentiert mit verschiedenen Instrumenten und demonstriert Maschinen im Museum Kircherianum.
1654 Otto Guericke führt auf dem Reichstag seine ersten Vakuumexperimente vor.
1655 Schott kehrt von Rom nach Deutschland zurück; auf seiner Rückreise besucht er die Städte Augsburg und Nürnberg. Er wird Professor für Mathematik am Gymnasium in Würzburg.
1657 Die *Mechanica hydraulico-pneumatica*, die von Schott bereits in Rom verfasst worden war, erscheint und ist sein erstes eigenes Werk. Er widmet es Johann Philipp von Schönborn.
1657 *Magia universalis naturae et artis I–IV*.
1660 *Pantometrum Kircherianum*
1660 Schott besorgt eine von ihm ausführlich kommentierte Neuauflage von Kirchers *Iter ex[s]taticum coeleste;* zeitgleich entsteht der *Cursus mathematicus*.
1662 *Physica curiosa*
1662 Schott besorgt eine von ihm ausführlich kommentierte Neuauflage eines Buches seines Ordensbruders Albert Curtz unter dem Titel *Mathesis Caesarea*.
1663 *Anatomia physico-hydrostatica fontium ac fluminum*
1664 *Technica curiosa*
1665 *Schola steganographica*
1666 Schott veröffentlicht die *Ioco seria naturae et artis* unter dem Pseudonym Aspasius Caramuelius.
Am 22. Mai stirbt Schott in Würzburg im Alter von 58 Jahren.
1668 Postum erscheint das *Organum mathematicum*, dessen vollständiges Manuskript er hinterlassen hatte.

# Autoren

*Rita Haub,* Dr. phil., M.A., Leiterin des Referats Geschichte & Medien, Deutsche Provinz der Jesuiten, München

*Julius Oswald S.J.,* Dr. phil., Bibliotheksdirektor, Hochschule für Philosophie München

*Eva Pleticha-Geuder,* Dr. phil., Leiterin der Abteilung Fränkische Landeskunde, Universitätsbibliothek Würzburg

*Harald Siebert,* Dr. phil., Wissenschaftlicher Mitarbeiter, Institut für Philosophie, Wissenschaftstheorie, Wissenschafts- und Technikgeschichte, Technische Universität Berlin

*Hans-Joachim Vollrath,* Dr. rer. nat., em. o. Prof. für Didaktik der Mathematik, Mathematisches Institut, Universität Würzburg

# Abbildungsnachweis

Bei der Beschaffung von Leihgaben und Bildern wurden wir von vielen Seiten unterstützt.
Wir bedanken uns für die Genehmigung zum Abdruck von Bildern bei:

Alessandro Ranellucci, Rom (http://creativecommons.org/licenses/by-nc/3.0/): S. 14

Harald Siebert, Berlin: S. 13, 36

Hans-Joachim Vollrath, Würzburg: S. 11, 12, 31, 37, 50, 63, 65, 66, 71, 83, 84, 85, 99; Entwurf: S. 54, 55, 59, 60, 97

Arithmeum Bonn: S. 62 (Inv. FDM 6594), 63 (Inv. FDM 8942)

Astronomisch-Physikalisches Kabinett, Kassel: S. 60, S. 62

Badische Landesbibliothek, Karlsruhe: S. 31 (Handschrift St. Blasien 67, fol.1r)

Bayerisches Nationalmuseum, München: S. 63 (Inv. Nr. R 2613)

Deutsche Provinz der Jesuiten, München: S. 29

Fakultät für Mathematik und Informatik der Universität, Würzburg: S. 61

Herzog Anton Ulrich-Museum, Braunschweig: S. 69

Kircher Correspondence Project (http://archimede.imss.fi.it): S. 35 (APUG 561, fol. 277r), 38 (APUG 562, fol.110r)

Science Museum, Science & Society Picture Library, London: S. 62 (Image ref. 10322186 und 10317044)

Universitätsbibliothek der Ludwig-Maximilians-Universität, München: S. 38 (2°Math. 141(1), 86 (2°Math.189(1), 121 (W 4° Phys. 180), 125 (W 2°Phy. 18)

Archiv der südbelgischen Jesuitenprovinz (BME), Brüssel: S. 13 links (Section IX-2,1 – Fonds du P. Charles Droeshout)

Alle übrigen Bilder: Universitätsbibliothek Würzburg, angefertigt von Irmgard Götz-Kenner.

# Stichworte